歴史ロマン

利根運河

青木 更吉

手賀沼ブックレット No.11

まえがき

流史会（中村欣正会長）のメンバーが利根運河の案内をするために、聞き取りの手伝いを始めた。運河近辺の方々から流史会のメンバーと一緒に取材を何回かしているうちに、珍しい話を多く聞くことができて、これを一冊の本にしたいと方向転換した。本になったら、それを利根運河案内の参考にできると思ったのである。ヒョウタンから駒が出たとはこのことか。こういう経過で出発したのがこの本である。

　利根運河の本はさまざまある。北野道彦さん・相原正義さんの『新版利根運河』、『利根運河誌』（川名晴雄著）や『水の道・サシバの道　利根運河を考える』（新保國弘著）も『利根運河を完成させた男　二代目社長・志摩万次郎伝』（田村哲三著）もある。また、千葉県立関宿城博物館、野田市郷土博物館、流山市立博物館の利根運河通水１２０周年記念合同企画事業で生まれた『利根運河三十六景』（野田市郷土博物館）や『利根運河１２０年の記録』（流山市立博物館）など多い。

　そこへ私などが入り込む余地があるのか。いささか躊躇したが、なるべく先人の仕事と重複しないように書こうと思った。ということは、独自の歴史の発掘をしなければならなくなってしまう。難しいけど、誰もまだ光を当ててない歴史の部分を取り上げてみようと大それたことを考えた。それなら、一冊にまとめて発表する価値があると考えたのである。そう考えて、タウン誌「とも」に連載を始めた。3年間の連載で『手賀沼ブックレット』に納まるはずである。

この本は中学生や高校生にも読んでもらいたいと念じて書こうと思う。世間は本離れと言われて久しいが、自分が生活している地域に興味を持って欲しいから。脚元を見つめて、日本や世界に目を広げて行って欲しいと思う。とりあえず、利根運河に目を向けて欲しい。

この本を読むだけでなく、読んだら運河を歩いて欲しいと思う。運河は四季折々に素晴らしい姿を見せてくれるはずだから。

目次

三　賑わった利根運河

四　斜陽化の時代と国有化

表紙絵／長縄えい子

一 設計から工事まで

① 柳田国男は運河をなぜ歩いて通ったか

柳田国男は、布川（茨城県利根町）で2年半、野生児のような生活をして学校へも行かなかったが、遊びほうけてばかりいたわけではない。読書（『利根川図志』他）もしたし、間引きの絵馬を見て衝撃を受けたり、利根川を白帆で上る高瀬船に驚いたりした。これらは後に柳田が民俗学を確立する上での基盤となったとも言われている。それは何物にも替え難い体験だったようだ。

一方、故郷が恋しくて父母によく手紙を書き送っていたが、そのうち父母たちも布川で一緒に暮らすようになった。すっかり元気になったので布川で遊んでいるわけにはいかない。東京へ出て次兄の元に身を寄せて学問を身につけようとした。今なら、成田線で布佐駅から我孫子、そこから常磐線で上野へ出られるが、明治23年だったから成田線（明治34年開通）はもちろん

布川時代の柳田少年
（「少年時代の柳田国男」利根町教育員会編より）

ないし、常磐線が土浦まで開通したのは明治29年だった。それなら、どの道を通って東京へ出たのか。

■柳田は運河をいつ通ったか

東京へは近道（利根運河）ができたというので、利根川の布川から川蒸気で行くことになった。ところが、そこはまだ「切り通し」だった。運河は工事中だったのだろう。『故郷七十年』から利根運河を通る場面を引用しよう。

「川蒸気ができたので上へ行ってから下へ戻って来る（関宿までいって下る）のが馬鹿げているものだから、利根川と江戸川の近寄った三角の狭い所に切通しを作って往復できるようにしたが、十分に利用できるまでにならなかった。私はそのコースを通って東京に出て来たのである。利根川も江戸川も両方とも外輪船(川蒸気)その運河の近くまで来て停まってしまう。お客は土手の上を一里あまり歩いて連絡し、向こう側に待っている川蒸気に乗るというわけであった。そうこうしているうちに汽車ができて問題はなくなったが、この利根川の川蒸気というものはおかしなものであった。」（カッコ内は筆者註）

「切通し」とか「運河」と書いてあるのは、いずれも利根運河である。工事中の利根運河を「切り通し」とは面白い表現で、なるほど台地の部分は切通しに違いない。その距離を「一里あまり」としているが、２里あまりの勘違いである。川蒸気が途中何時間も歩かせるから「おかしなもの」としたのであろう。この文章は一見わかりにくいが、当時は工事中だった歴史に照らせば理解し易くなる。

さて、山形紘さんの『流山近代史』によると、利根川の銚子〜船戸（柏）は蒸気船で、船戸〜尼谷（流山）は馬車・人力車で、尼谷からは蒸気船で東京へ出た時期があったという。これは運河工事前のコースであろう。利根川汽船の「乗客御心得略則」に船戸〜新川（流山）は陸路連絡と出ているのはその頃のコースだろう。

夏目漱石は明治22年8月30日に布川から川蒸気に乗り、三堀（野田）で降りて今上河岸まで歩いて、東京行きの川蒸気に乗ったと記録にある。それは、利根運河の工事の真っ最中の頃である。漱石の歩いたコースは、運河（柳田のコース）より北側だったし、時期的には漱石の方が早かったことになる。

このような利根川と江戸川を陸路連絡する汽船とは珍しいが、工事前からあったのは述べた通りである。工事中は、柳田少年が歩いた船戸〜深井新田コースになったわけである。柳田は工事中の運河を歩いたが、馬車や人力車を利用する人もあったらしい。馬車というと、観光馬車を想像するかも知れないが、おそらく物を運搬する馬車で、ムシロでも敷いて客を乗せたのだろうか。

とにかく、汽船の徒歩連絡の終わりの頃に柳田は通ったことになるが、柳田サイドから検証してみよう。

柳田の年譜で布川から東京へいつ戻ったか調べてみると、明治23年冬というのもあるが、3月というまではほぼ年譜で確認できる。3月何日かは記録にないようで、柳田の記憶にもないのだろう。運河の歴史から柳田少年が運河の土手を歩いて通ったというのだから、営業開始（明治23年3月25日）の直前に利根運河を通ったと考えるのが妥当である。

利根川の運河口（船戸）で川蒸気を下りて、江戸川口（深井新田）まで歩いたのに何時間かかったか。つまり、徒歩の時間を何時間とみたか。その船と船の連絡時間は3時間程度ではなかったかと思われる。8・5キロだったから。船旅の途中で3時間歩かされても、柳田少年が泣き言を言った様子はない。

■運河はほぼ出来上がったが

ところで、柳田が「(運河はできたが) 十分に利用するまでにはなっていない」という文をどう解釈するか。運河は一応できあがったが、開通までには至っていないと解釈しておこう。また、和船は開通したが汽船は岸を保護するために通さず、ハシケに乗り換えて輸送していたとも理解できなくもないが、それなら柳田少年は歩かなかったはずだから、この考えは消える。柳田少年はハシケに乗り換えなかったのだから、開通の日の前に通ったことになる。

ところで、柳田少年は着物姿でフロシキ包みを背中に斜めにでも背負っての旅だったか。アゲヒバリがさえずるのんびりした運河の風景が思い浮かぶ。

② 運河は関東水運のバイパス手術？

利根川、江戸川は関東内陸水運の大動脈にたとえられる。その大動脈の流れが悪くなったので、バイパス手術が必要になった。そのバイパス手術とは、利根運河の開削を意味する。今回はなぜそんなバイパス手術が必要になったかを考えたいと思う。

■銚子で千石船から高瀬船に

江戸時代には東北や茨城から江戸へ大量の米等が千石船で送られてきた。房総半島の東から南を通って、江戸へ入って行った。これは河村瑞軒が江戸時代初期に開設したと言われる歴史的な海路である。このコースは房総沖で黒潮にぶつかり、東京湾に入ると暗礁にも妨げられる。歴史的な海路であっても、転覆や座礁の危険が多かったコースであった。

だから、危険な海路を避けて、利根川・江戸川コースを通るようになった。銚子港で面倒でも千石船（海船）から高瀬船（川船）に積み替えて、利根川をさかのぼる。確かに危険はないし、距離的にも短いが、このコースにも問題があった。

　利根川中流や江戸川上流には浅瀬があって、平均６００俵積んだ高瀬船は底がつかえて進めなくなる。浅瀬は江戸初期からあったらしいが、明和９年（１７６９）から10年にかけて深井新川の浅瀬に土砂が溜まり通船困難になったので、上州や下総の舟持ちたちが浅瀬浚《さら》いをした。それで、向こう10年間通航１人につき鐚《びた》20文ずつを徴収することを取り決めている。

　幕末（天明3年）浅間山の大噴火によって、火山灰が堆積したことが浅瀬に拍車をかけた。そうなると、大雨が降るまで待たなければならないが、急ぎの物は困ってしまう。だから、高瀬船から何艘もの小型の艀《はしけ》に積み替えて進まなければならない。積み替えるのには屈強な若者の手が多く必要である。

「浅瀬で高瀬が動けねえ。それ、積み替えに行け」

　となれば、河岸にたむろしている河岸場人足たちが舟で駆けつける。取手の小堀《おおほり》などはそんな河岸だった。そんなことで、利根川べりは東海道と並んでヤクザの巣窟と言われた。

　もう１つの選択は、船はあきらめて高瀬船の荷を下ろして馬の背で運ぶ方法である。布施から加村河岸へ馬１頭に米2俵を積んで駄送する。それは布施〜加村河岸だけではない。利根川の瀬戸河岸（野田）にも廻船問屋があって、ホラ貝を吹くと馬方が２００人も３００人も集まって来たという話が残っている。こうして、野田へ（８キロ）流山へ（12キロ）と送ったのである。駄送されてきた荷は野田河岸、加村河岸からは、また高瀬船で東京へ向かう。このように千石船〜高瀬船〜馬〜高瀬船と積み替えを重ねたのは利根川・江戸川の浅瀬を避けるためだった。

　このことによって、布施河岸～加村河岸の駄送の道は駄賃付けの馬の通りが多く、休憩する店（立場）も賑わったという。また、農家は農閑期の副業として歓迎していたのである。

　明治23年、利根運河が完成すると布施～加村の駄送は無くなった。農家は副収入が絶たれて大きな痛手をこうむり、駄送から高瀬船への廻漕問屋、加村河岸の秋谷平兵衛は店をたたんでいる。流山の水運業者たちが利根運河に反対する場面が芝居「青年たちの運河」（山本鉱太郎脚本）に出てくるが、それは流山にとって深刻な問題だったのである。

■カヌー下りで浅瀬を体感する

　私は20年ほど前に柏のタウン誌に「東葛の川を歩く」を連載したことがある。江戸川も利根川も、どちらも浅瀬を体験して愕然とした。江戸川は東京湾まで漁師の奥木利一さん（加六丁目）の船に乗せてもらって、船からの視線で川を見た。次に、加村から関宿往復をお願いしたら、浅瀬があるからと言うので断られた。それじゃ大雨の後にと言うと、「増水した時に船を出したことない、危険だから」それで加村～関宿は自転車で取材した。

　次は、利根川はカヌーの青木昭夫さん(初石)に乗せてもらって、カヌー下りを初体験した。関宿から利根運河まで。浅瀬を避けて下るのだが、底がつかえて昭夫さんはカヌーを下りてジャブジャブ水に入って引っ張ってくれた。そのうち「青木さんも下りてください」と言われて、私も流れをジャブジャブ下った。

　利根川は広い。常磐自動車道からも、常磐電車からも滔々と流れる大河は見ているが、浅瀬など微塵も見せはしない。今の今まで、堂々と流れる坂東太郎がこんなに浅瀬だらけだとは想像できなかった。これで、利根運河が必要だっ

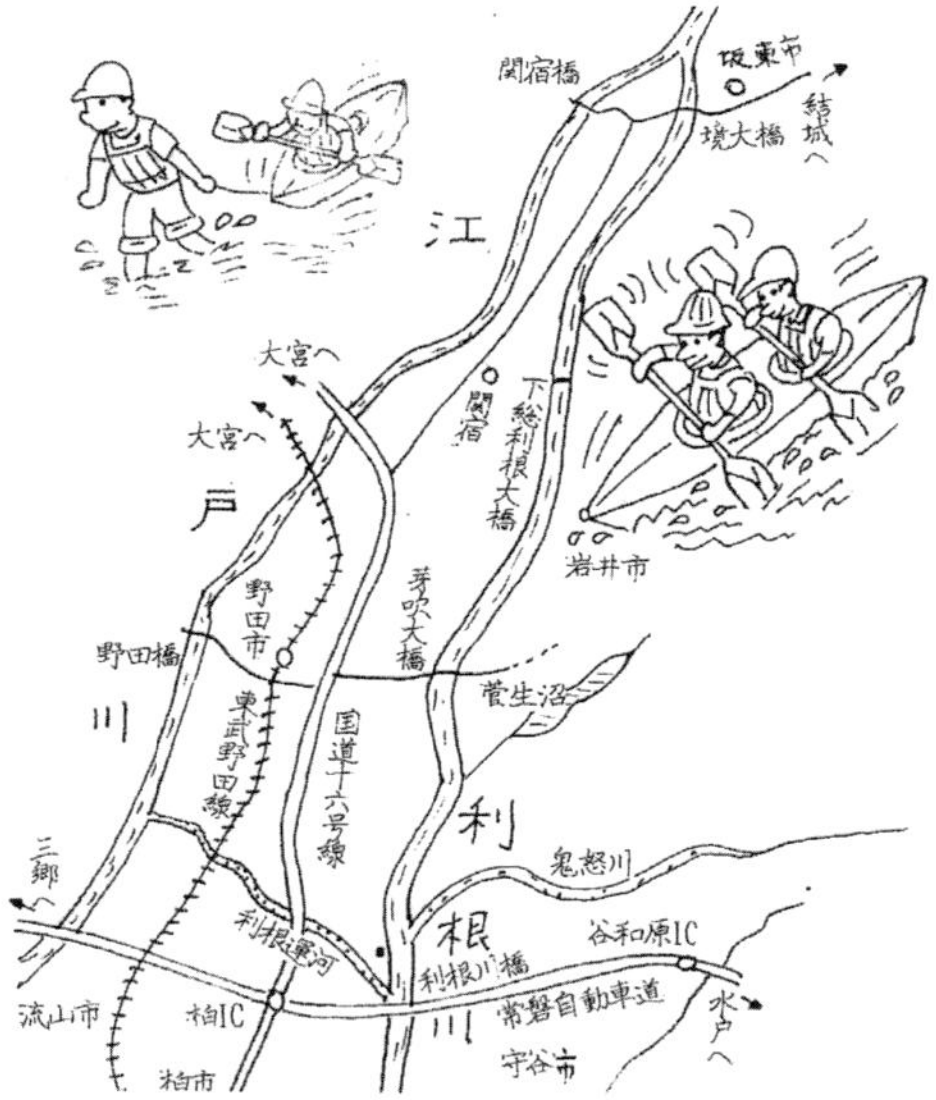

運河は利根川・江戸川のバイパス
（イラスト・おのつよし氏）

たのだと私は体験上理解できた。ただ、明治中期と現在では川の成り立っている条件はずいぶん違うだろう。最も大きく異なるのは上流のダムが多くなったことである。また、砂採りは関東大震災と東京オリンピック後も大量に採られたが、それ以後は砂利採りは禁止されている。

■利根川、江戸川、運河はAの形

利根川・江戸川の大動脈は流れが悪くなってきた。川も血液も流れは良くなければならない。血流障害を起こすようになって、バイパス手術をする必要になったのである。運河ができれば、銚子で千石船から高瀬船に積み替えるだけで東京まで運べる。距離も銚子～東京で40キロも縮まるし、およそ2日も短縮できる。

利根川、江戸川の二等辺三角形に対して、横8・5キロが利根運河である。そのバイパス手術で瀕死の利根川水系水運を蘇生させようとしたのが利根運河の開削である。

③ 利根運河を提案したのは誰か

利根川・江戸川の大動脈は流れが悪くなってきた。川も血液も流れが良くなければならない。血流障害を起こして、バイパス手術をする必要があるとなった。運河ができれば、銚子で千石船から高瀬船に積み替えるだけで東京まで運べる。距離も銚子～東京を38キロも縮まるし、日数も約10日かかっていたが、およそ2日も早められる。利根川・江戸川の二等辺に対して、横画の8・5キロが運河である。そのバイパス手術で、瀕死の利根川系水運を蘇生させる、それが利根運河の工事だったのである。

江戸初期に利根川の東遷が完成し、利根川～江戸川は関東水運の大動脈となった。しかし、関宿回りはいかにも遠い。そのうえ今の野田あたりから浅瀬が多くなる。利根川江戸川間に運河を掘れば東京がぐんと近くなる。それを着想したのは誰か。なお、それを公の場で提案したのは誰なのか。

利根川と江戸川を結ぶ運河の発想は江戸初期にさかのぼるという。2代将軍秀忠は寛永8年（1631）、手賀沼から流山を結ぶ運河開削を命じたが、当人の死去によって立ち消えになった。

『手賀沼開発の虚実』（中村勝）によると、享保19年（1734）手賀沼新田の村々は戸張（手賀沼）から市川（江戸川）への運河の開削を願い出ている。幕末には関宿藩士で治水家の船橋髄庵にも、「利根川を松戸へ掘りぬく」運河構想があったと言われている。

これらの運河構想の他に、水運の現場でも浅瀬に苦労していた高瀬船の船頭たちは直接に浅瀬の被害者だった。浅瀬で船は立ち往生することが、しばしばだったからである。お天気と相談しながら艀《はしけ》を呼ぶか、雨を待つかしなければならない。艀を呼べば金がかかるし、雨はいつ降るやら天気予報は勘だけである。

「東京の新川、小名木川のような運河があったらなあ」

船頭たちはため息をついた。誰よりも江戸期

広瀬　誠一郎

の船頭たちは運河を夢に見ていたと考えられる。だが、これら運河の構想は実現しなかった。河岸の関係者や船頭たちの夢も花開くことはなかった。こうして明治を迎えたのである。それらの人たちの声を掬い取ったのは下高井村（取手市）の茨城県会議員・広瀬誠一郎だった。

広瀬は同僚の秋葉庸とはかって、県令の人見寧に利根運河開削を建議した。『利根運河』の北野道彦さんはそれを「運河が人を呼んだ」と表現した。それが明治14年のことだった。それを受けて人見県令は、内務省等へ正式に建白書を提出している。

■国による事業か民間の事業か

一方、日本政府のお雇い外国人のムルデルは内務省から依頼されてどこを掘ったらいいか線引きのため、現地調査をして運河の計画書を提出した。初めは、国が運河を建設することで計画は進められてきたが、予算の関係でそれはできないことになってしまった。国をあげて鉄道建設の時代だったから、茨城からの建白は鉄道建設の勢いに押しまくられてしまったのだろう。

そうなったら、運河は株式会社を立ち上げて民営でやるしかない。広瀬はいよいよその時が来たと覚悟した。運河会社を設立して株式を募集しなければならない。運河開設に地元の千葉県の動きはにぶかった。船越衛県令は運河よりも鉄道を建設したいと考えていた。また、運河を掘れば関宿などの水運業者の失職問題を抱えこむことになるからである。だが、広瀬たちの熱意に押されて、結局は千葉県も運河開削に同調したのである。

千葉県庁を訪れた広瀬に船越県令は、株式募集の成算はあるのかと詰め寄った。広瀬は毅然として、「もちろんあります。もし資金が集まらなければ、腹かっ切ってお詫びします」

と明言した。その場の雰囲気は想像するばかりだが、かなりの緊張感があったようである。県令が国からの補助をすすめると、「補助金に頼るのは本意にあらず」と広瀬は断っている。

広瀬たちは大変な決断をしたものである。株式会社など珍しかった時代である。そんな経過があって、募集した株式の40万円が見事に集まって、広瀬たちを喜ばせた。株主は東京94人、千葉35人、茨城34人だった。

■利根運河に命を賭けた男

広瀬は一大決心をした。私は取手市教育委員会で資料を見せて頂いた時に、「財産分与方法」という文書を発見した。それは遺書と名付けてもいい書類だった。田畑、山林、原野の総計、三七町歩余を長男の毅一郎等に分与するというもの。私はこれを見た時に、広瀬の意思の固さ、責任感の強さに感動した。それは、おそらく取手から千葉県庁へ向かう蒸気船の中ででも決心したものだろう。

広瀬は幕末の生まれである。士農工商の身分で言えば「農」ではあるが、資金が集まらない時は船越県令に明言した通り、割腹して詫びる決意は固かったのである。この決心で、危機は乗り越えることができた。

さて、残念なことに広瀬は利根運河の完成を見ずに亡くなってしまう。東京へ出たその旅先での病死である。曾孫の誠之さんの話では胃癌だったという。末期の胃癌なのに、なぜ東京へ出て来たか。『広瀬誠一郎伝』を読んでもそれは不明だが、最後までひたむきに生きた生き様を見る思いがする。広瀬は利根運河に命を賭けたのである。

今、利根運河水辺公園に利根運河碑が建っている。これは江戸川口の本社跡にあったものを運河駅近くに移し、それを水辺公園に再度移したものである。この利根運河碑に、広瀬誠一郎の名はない。碑文は元千葉県令の船越衛によって起草されたが、船越は広瀬を無視した。が、『利根運河治水考』は、「秦の始皇帝あって万里の長城を現し、広瀬誠一郎あって利根運河成る」と、広瀬の業績を正当に評価している。私はこの一文で溜飲が下がる思いがする。

④ 人見社長は運河完成前になぜ辞めた？

人見寧は利根運河の初代社長である。就任してわずか一年、工事完成を目前にして突然に辞任し、志摩万次郎に座を譲っている。どうして辞めたのか。私が疑問に思うだけでなく、当時の新聞も首をかしげている文章が残る。

■五稜郭戦争から茨城県令へ

劇団「彩」が「青年たちの運河」（脚本・山本鉱太郎、演出・梅田宏）を流山で上演した時、人見寧則さん（寧の子孫）に会った。後日、柏の人見さんを訪ねたのはいうまでもない。柏駅に近い明原二丁目、広い屋敷に代々育ててきた庭木が茂っている。

「茨城県ではヤスシと呼んでいますが、我が家ではネイと呼んでいます」

と、寧則さんが説明してくれる。利根運河社

箱館戦争当時の人見寧

長の前は、茨城県令（知事）をしていたという。県令の前は、箱館の五稜郭戦争に徳川遊撃隊長として活躍していた。五稜郭戦争で土方歳三は華々しく戦死したが、人見寧は負傷はしたものの生き延びることができた。当時の写真は土方に劣らずハイカラのイケメン振りである。それに土方よりも10歳も若い。人見家にはその時の血染め指揮旗が保存されていて、黒ずんだ血痕が痛々しい。何とその旗には漢詩（七言語絶句）が記されていて結びは、

「百壽運尽き今日に至る　好し五稜郭の苔とならん」（百壽は多くの作戦）この旗で、遊撃隊員の士気を鼓舞しようとしたのは漢学者の子息らしく、人見は詩人だったのである。

　茨城県は徳川水戸藩が中心だったから、とても新政府の薩長の人間では治められない。それで、幕府軍だった人見に白羽の矢が立ったというわけである。箱館の五稜郭戦争が茨城県令につながり、茨城県令が利根運河社長に発展したのだから、人生何がどう転ぶか分からない。

　私は柳行李一杯の写真を見せて頂いた。利根運河設計、監督のムルデルの写真を探している時だったので私も探したが、ムルデルはなく日本髪の芸者の写真が多いのには驚いた。人見寧履歴書という手書きの自伝も見せて頂いた。子孫に残した人見の足跡である。もちろん、利根運河にも触れている。

■利根運河の初代社長に迎えられる

茨城県令時代に、広瀬誠一郎が利根運河を建議したことはすでに述べた。それを、中央政府に具申したのは人見県令である。人見は利根運河ばかりでなく茨城県内の運河計画を練っていた。涸沼《ひぬま》と北浦を結ぶ運河、久慈川と那珂川を結ぶ運河計画もあった。

利根運河の下準備はしたが、人見は不運にも茨城県令を非職になってしまう。加波山事件の責任を問われたのである。それで、利根運河社長の椅子は渡りに船だったはずだが。

そんな関係で、まず社長を人見にしようとしたのは広瀬である。広瀬は人見の政治性に期待していたと思う。何といっても、県令時代から中央政界に顔がきく。だから、ぜひ人見に社長をやってもらいたいと広瀬は考えた。広瀬自身は実務を考えていたと思う。広瀬の懇願に人見は、「私は営利的社会事業にはこれまで経験がないので」と、固辞するばかりだった。熱心に人見を担ぎ出そうとした人に、千葉県令の船越衛もいた。利根運河社長を断っている人見の話を伝え聞いて船越が上京して来た。

「あなたが準備してきた会社じゃないですか。茨城、千葉の両県のためにもどうか社長をお願いします」

と船越は頭を下げた。そこで、人見はやっと重い腰を上げたのである。船越は初めは利根運河に消極的だったが、茨城側の熱意に押されて今では推進役になっている。戊辰戦争では船越は新政府軍だったが、人見は幕府軍だったから「昨日の敵は今日の友」である。

株主総会の席で投票の結果、社長は人見に、専務理事は広瀬が選出された。

■なぜ一年で社長をやめたのか

こんな経過で社長に選出されたのに、わずか1年で社長の座をおりる。しかも、工事は未完成であるが、完成目前とも言える時である。

「流山市史」の年表では明治22年5月に「人見、病気のため社長辞任」と出ている。「利根運河史」では「故あってその任(社長)を辞す」とある。また、東海新報では「人見社長の辞任は如何なる筋合いに候や」(明治22年5月21日)と報じられたから、これが世間一般の受け止めなのだろう。病気は広瀬家の話では神経痛だという。熱海の温泉療法によって、約3か月で全快して帰京できた。それなら私は辞める程のことではなかったと考える。

さて、工事の進捗状況や会社の経営状況に目を向けてみる。工事予算は40万円だったが、57万円にふくらんでいる。その上、工事は遅々として進まないので、監督のムルデルまでヤキモキし出したという。2年間の工期も迫って来ている。悪いことに、広瀬の病気が重くなってきている。そのような状況の中で、人見社長は窮地に立たされた。その背後には、筆頭株主で会計検査の志摩万次郎が彗星のごとくに会社の運営に登場したことがある。工事のやり方を改善して工事を早めようとする志摩と従来の工事を進めようとする人見が対立した。結局、このような株主と経営者との対立から人見社長は辞任に追い込まれたものと私は考える。

⑤ ムルデルは初めから運河の監督をしたか

ムルデルは、利根運河の設計・監督をしたオランダの土木技師で、運河開削の功労者である。が、設計したのは同じオランダ人技師のデレイケとの2人であった。工事の監督も21年4月の最初からムルデルではなかった。最初は内務省の近藤仙太郎技師と県の玖島琢一郎技師が監督したが、設計者のムルデルに交代した。その交代にはどんな事情があったのか、それはいつなのか。

■開放運河か閘門運河か

利根運河は、江戸川の深井新田から利根川の船戸を結ぶ8・5キロ。開削されるまで、さまざまなコースが検討された。まず、迅速測図でつぶさに検討されたのだろう。この地図には谷津が明瞭に記録されているから、谷津と谷津を繋いでコースを決めた。現地調査も丹念に行っている。

谷津を繋げば距離は長くなり開削経費がかさむように思えるが、谷津は低地だから開削する土の量が少なくてすむから、かえって経済的である。

こうして、新川・小名木川のような直線の運河でなく、曲がりくねった運河になった。それは経済を優先した設計だが、思わぬ効果も出てきた。今、眺望の丘に立つと、運河の堀の曲線美に心打たれる。コンクリートの幾何学的な美しさではなく、そこに人力で掘った苦労とムルデルの優しい心根が感じとれる。だから、眺める人の心もゆったりと癒されるのだろう。

さて、ムルデルが最も設計の面で心を砕いたのは開放運河にするか、閘門運河にするかという点である。開放運河は流れのまま、閘門運河は堰で運河を流れる水量を調節する。利根運河では、堰と同じ意味に使っている。開放なら経費は特別にかからないが、洪水の時もそのまま流れるから堤防を決壊させる心配がある。閘門運河なら流れる量を調節できるから、その危惧はない。

埼玉県側の江戸川堤防には利根運河の水がほぼ直角に当たる。だから江戸川右岸の堤防は決壊する恐れがある。それで、埼玉県側は閘門運河を要求した。それに対してムルデルはストレートに流れないように狭窄部を6か所つくって、流れを抑制すれば埼玉側の心配は解消すると判

ムンデル　オランダ工師

断し、開放運河でいくと決断した。

運河の幅はほぼ18メートル、狭窄部はその半分の幅である。そこで流れを押さえる。が、岸に負担がかかるので、石垣や狭窄棒で対策した。開放運河にした結果、明治39年の大洪水で埼玉の堤防は決壊してしまった。それは、度々の洪水で利根川、鬼怒川が運んできた土砂で川底が上がってしまったから。土砂の量はムルデルの予想を超えてしまったのだろう。

■いつから矢口さんの離れに住んだか

東京ならともかく、西深井でのムルデルの生活は何かと不自由だったと思うが、コックと人力車夫だけは雇っていたから、食事と移動には困らなかったようである。パンは焼いてもらうことができたが、肉やバターは東京から取り寄せたのだろう。通訳はどうだったのか気になるところだが、そのころムルデルはほぼ10年も日本にいたので、通訳の必要がないくらい日本語に慣れていたようである。

さて、ムルデルはいつから矢口さん宅で暮らすようになったか。明治21年12月20日にムルデルは「深井新田に一泊」という記録がある。深井新田はおそらく利根運河本社で、矢口さんの離れではない。また、工事監督は近藤仙太郎（内務省）玖島一郎（千葉県）と22年5月の記録に残る。だから、ムルデルが監督になったのはその後である。そうなると、ムルデルの監督

ムンデルが住んでいた矢口家の離れ
（流山市立博物館蔵）

は後半の一年余に限定される。

ムルデルは内務省に雇われた身分だったから、そのまま運河の監督とはいかなかったのだろう。もちろん、前半の1年でもムルデルの所へ近藤らは指導を仰いだに違いないが、いよいよ大詰めの難しい局面ではムルデルの直接監督が必要になったのだろう。ムルデルの運河計画書はかなり詳しく、仕事の順序まで指示してあった。そのためにも呼ばれたのだろう。そうなると、今上落は22年1月から始まっているが、それは難工事のために設計者のムルデルが呼ばれて監督に付いたものと考えられる。

それにしても、ムルデルはなぜ矢口家を選んだのか。矢口伊之助は運河会社の社員であり、株主でもあった。また、諸事斡旋人でもあり、かつ運河会社にも近かったから。このムルデルが住んでいた離れは貴重な文化財だったが、昭和55年に取り壊しになったのは残念である。

■ムルデルの写真がやっと見つかった

流山ではムルデルと呼ぶが、熊本では「ムルドル」と呼んでいるのを山本鉱太郎さんは三角港で聞いている。流山でもムルドルという表記がごく僅かであるがある。田中則雄さん（オランダ学会）は「発音はムルデルとムルドルの中間」と言っていた。

さて、流山市で探していたムルデルの写真がやっと見つかった。熊本県から送られてきたのである。それで、博物館友の会のムルデル研究に火が付き、それは記念碑を作ろうという市民運動に発展した。募金運動の成果で約７００万円の寄付が集まり、運河水辺公園にインド産赤御影の立派な「ムルデルの碑」が建立された。そのことは相原正義さんの『新版利根運河』に詳しいのでそちらに譲る。

ところで、ムルデルが住んでいた家の矢口好さんは「ムルデルさん」と呼ぶ。運河のほとりに代々住む坂巻家の儀一さんもムルデルではなく「ムルデルさん」と呼ぶのは、先祖からの伝承らしく、親しみとも尊敬も感じられる。また、流山歴史文化研究会（渡辺義正会長）で作った紙芝居も「ムルデルさんの涙」（台本・青木更吉）がある。紙芝居は子ども向けだから、右の意味合いとは少しズレるが、ムルデルと子どもたちの触れ合いから出た愛称とした。

最近、運河駅は装いを新たにして北口に「ムルデル記念通り」もできた。ここは東京理科大の学生たちの通学路で、朝も午後も学生たちの若さであふれんばかりの小道である。

⑥　運河は国の事業か民間の事業か

利根運河は国家事業だったのか、それとも、民間の事業だったのか。それは民間会社で開削し運営されたのだが、肝心な所では国や県も関わってきた事実も見逃せない。もともとは、国家事業として計画されたのはご承知の通りである。それがどんな理由で民間会社の事業となったのか。利根運河会社の経営となっても、国か

青空に響け　運河水辺公園の運がいい朝市で(写真/山本啓子氏)

らの援助はあったし、結局運河は国へ身売りしている。

利根運河会社と国（内務省）や県（土木課）との関連は複雑である。そんな関係も見て置きたい。

■国家事業としてスタートしたが

利根運河は明治19年初めには、もっぱら政府事業として計画されたものであった。政府側も提唱する茨城県側も、国家事業として準備を進めてきたのである。それが民間事業としてやっていくと方向転換したのは、計画者の広瀬誠一郎や人見寧等の茨城県側によるものではなく、政府側の方針転換であったと言えよう。その理由を、政府はずばり財政上の問題からとしている。

それは間違いないが、財政上の理由の陰にこれからも舟運の時代が続くのか、いや鉄道の時代になるという問題があったものと見られる。あるいは、鉄道とトラックの時代が来るから運河よりも鉄道、道路建設を優先するとする議論があった模様である。そうなれば、鉄道も運河も実現するのは無理となったのだろう。つまり、交通政策の将来展望の認識の差でもあったものと考えられる。

とにかく、広瀬たちはそういう政府の鉄道建設推進の方針をきっちり読み切って、国の事業として運河を開削する計画を断念した。そうなったら利根運河会社を創立（会社の創設は明治20年12月）して、民間の資本で利根運河を実現させようと決心したのである。そのあたりの経過は、すでに述べているので繰り返さないことにする。

■国の保護もあったが規制もあった

国の事業でなく、民間企業で運河を開削するとなっても、実はいろいろな面で政府の保護があった。まず、お雇い外国人デ・レイケやムルデルの運河設計計画書（設計書）の作成があったが、２人とも国のお雇い技師であった。国の技師が設計したのは事実だが、その頃はまだ運河は国の事業と考えられていた頃である。また、ムエルデルの監督も特別処置である。高給取りのムルデルが約1年間、工事監督をしたのは国からの大きな援助であった。身分は内務省土木局の御雇工師のまま、運河開削の監督に現地で専念できたからである。

運河開削のために必要な木材は、官有林から伐り出してもいいという許可も下りた。布佐の官林からマツ、ヒノキ、スギ材を約２０００本も使用できた。これ等は、主に橋や今上落の立体交差などに使われたようである。

また、台地を掘った土は低地の堤防に使われた他に、運河北岸の三ケ尾沼の埋め立てにも使われた。いわゆる「土捨《どす》て」には高い地代を払ったと言われるが、この沼へは無償で捨てることができた。三ケ尾沼は国有地だったからである。

もう一つ、運河の敷地は会社が買い上げたものだが、運河となった後は千葉県から官有地の扱いを受けた。そのことで税金が免除されたから、これも優遇の一つと数えていい。このような国の保護はあったが同時に国からの規制もあった。その一つは、会社は開削の計画書を内務省と農商務省へ提出して、開削免許命令書が交付された。このほかに工事期間を2年間と限定されて、それ以内に工事を完成させなければならなかった。そのために、かなりな労力を費やした。

これらは運河そのものが公共性を持っているから当然と言わなければならないが、国は保護するだけでなく、規制もしたと見るべきである。その規制は国だけでなく県からもあった。「利根運河通行規則」は千葉県が決めている（船の速度は時速5・4キロ以下など)。

運河会社の収入は通航料が主なものだが、国関係の船(郵便や軍関係)については通航料を取らない規定だった。それは国の優遇に対するお礼であろう。

■運河国有化論は明治期からあった

もともと利根運河は国の事業として計画されたことは冒頭に述べた。こうして運河は造られたが、明治時代すでに国有化論が起こっている。そうこうしているうちに、舟運に陰りが見えてきた。昭和に入ると収入の通航料が激減してくるのに、運河の浚渫(泥さらい)をしなければ船は航行できない状態になった。大型の浚渫船を購入するには莫大な費用を使った。運河の経営上の重大な危機である。運河の国有化論は、声高に聞かれるようになる。これに対して内務省の役人たちのボヤキが私には聞こえる。

(いずれ鉄道に押されて運河が斜陽になるのは分かっていた。お荷物になったからと言って、国へ押し付けるなんて虫が良すぎる)

昭和15年の営業報告書を読むと、海軍と千葉県で運河の大浚渫を行ったとある。国や県が乗り出さなければならない程、経営が悪化したのである。それは、半ば国有化したとも解釈できる。

ところで、利根川と江戸川を結ぶバイパスの必要なことは、江戸時代から船頭たちの間で言われてきた。そんな要望を叶えたのだから、運河は初めから公共性を持っていたと言える。政府の財政上の理由から民間事業になったまでのことで、昭和17年1月に国の所有になったのは当然の帰着という見方もできる。だが、その時に運河としての働きがほぼ終わっていたのは皮肉な結果である。

⑦ 名前は運河か利根運河か

柳田国男が運河の工事中に運河に沿って歩いた。その時、切り通しとか運河とか書いている。名前は一般には知られていなかったのだから止むをえない。名前は工事直前に「利根運河」と決まった。それまでには、三ケ尾運河、三ツ堀運河など仮の名称で揺れていた。

利根運河は内務省に売り渡されて派川《はせん》利根川となったが、戦後に野田緊急暫定導水路となり、また昔の名前、利根運河に戻っている。そんな名前の変遷に絞ってざっとたどりたい。

■名前は初めから利根運河だったか

ムルデルが「江戸利根両川間三ケ尾運河計画書」を内務省に提出したのは、明治18年2月だった。その6月に千葉・茨城両県が運河開削調査のために「江戸・利根運河協議書」の調印をしている。だから、「三ケ尾運河」というのはムルデルの仮称であって、公式名称にはなっていなかったと言える。

翌19年にムルデルは「三ツ堀運河開削計画ノ件」を千葉県へ提出している。先に三ケ尾運河とし、ここで三ツ堀運河としながら、この文書に付けた地図では三ケ尾運河としているから、ムルデル自身も揺れている。設計者として名前を付けなければならないという義務感のようなものが見え隠れしているように思えてならない。

人見寧が千葉県へ出した「利根運河開削願」が利根運河という名称の初出と私は見る。それが20年5月9日である。その文書で、「利根運河会社」の名称も出ている。これで運河名は利根運河と決まったかというと、同年11月に三ケ尾運河（内務省）が出てくる。その出所はどこかと言えば、設計のムルデルか運河会社かであろう。経過から見て、実質的には会社が利根運

運　河　駅

河会社と名乗った時点で、運河の名も決まり利根運河と決定したものと見られる。

明治44年に出た吉田東伍の『利根川治水論考』では、利根運河を三堀運河（48ページ）とか、深井運河（101）とか，舟戸運河（309）と呼んでいるが、利根運河とも呼んでいる。吉田は利根運河という名がお気に召さなかったのだろうか。

■停車場名は東深井から運河へ

明治44年に千葉県営鉄道野田線（今の東武鉄道）が野田町と柏間に開設された。停車場は今の運河駅の場所に東深井停車場を予定していたが、利根運河会社からの要望を千葉県へ提出して運河停車場となったという。

ここで、停車場について解説して置きたい。ステイションを駅と訳すと、水戸街道の松戸や小金の宿場は松戸駅、小金駅と呼ばれていたから、運河駅＝運河宿場となってしまう。だから、駅ではなく停車場。石川啄木が故郷の訛りを聞きに行ったのは上野の停車場だった。私も戦前戦中はテイシャバと呼んでいた。いや、戦後もしばらくそうだったように記憶している。

太平洋戦争前、十余二に飛行場ができて、豊四季停車場から軍用道路が作られた。その道路名は「豊四季停車場道」と国土地理院の地形図に最近まで記入されていた。戦後、停車場が駅と呼ばれるようになっても、停車場は根強く残っていたのである。

少し話がそれたので元に戻すと、運河停車場は運河駅になったが、私は運河より「利根運河」の方がよかったかなと考えたことがある。それは、運河では普通名詞にも聞こえるからで、利根運河になって初めて固有名詞になると考えたのであるが。

安井新治さんが歌集『運河』を出版したが、利根運河でなく運河だった。安井さんは元流山小学校長、歌人で郷土史研究家、利根運河の北岸に住んでいて、目の前が利根運河であった。安井さんは利根運河を運河と呼んでいたのである。改まったら利根運河と称しても、普段は運河と呼んで親しんでいたようである。

先だって高橋洋さん、窪田和彦さん、荒巻久子さんたちから利根運河の昔話を聞いた時、やはり呼び名は運河だった。が、そのうち運河を「川」と呼ぶようになった。なるほど、派川利根川と称された時期があったし、東から西へ流れていたから、川としても何ら不思議はない。それにしても利根運河、運河、川とだんだん短くなったのは親しみが深くなった証拠だろう。

利根運河は初め三ケ尾運河、三ツ堀運河と呼ばれていたが、正式名称の利根運河に落ち着いた。が、停車場名は省略して運河、運河べりの人たちも運河や川と呼んできたのである。

■利根運河のその後の名称

「千葉新報」の昭和16年の記事に「新川運河」という呼び名が出てくる。これは内容的に利根運河を指しているが、新川運河と呼ぶ人がいたかどうか。

公式な呼び名に戻して話を進めよう。昭和17年1月に利根運河は国に買収された。同18年2月に「派川利根川」と名称が替えられた。利根川の水量を調節するための河川としたためである。博物館友の会の研究会で、

「利根運河は、現在は　派川利根川　と建設省は呼んでいます」

という話を聞いた時、その役所言葉に私は違和感を感じたものである。派川利根川時代は30年余り続き、昭和50年に「野田緊急暫定導水路」と名称を替えた。増加する首都圏の水需要にこたえるためである。なぜ緊急暫定なのかと言えば、北千葉導水路が完成するまでのもので、北千葉導水路が完成すれば運河は洪水を調節するためのものとなる。

このような紆余曲折を経て、利根運河通水百年の年（平成2年）に昔の名前の利根運河に戻った。しかし、派川利根川や野田緊急暫定導水路と建設省が呼んだ時代も、運河近辺の人たちはそんな呼び方には関係なく「運河」と呼び慣わしてきたのである。

二 難航した工事

⑧ 工事をしたのはどんな人たちか

利根運河の工事は明治21年7月14日に始まった。翌年は大日本帝国憲法が発布され、工事が終わった年に初めての衆議院議員選挙が行われた。日本が近代国家としてスタートを切った頃、利根運河の工事は行われたのである。その工事は誰がやったのか。運河近辺の人たちが駆り出されたのは想像できる。それは農民たちだったろう。それなら、春秋の農繁期には工事に出られなかったはず。だから、おそらく各地から労働者が集められたのではないかと思う。

そのころ北海道などで行われていた囚人労働は、ここでもあったのだろうか。

■人夫は全国から集まって来た

『利根運河誌』は、「人夫は地元はもちろん関東一円、遠く東北や四国、九州などから集められた」と述べているから、ほぼ全国から集まって来たのである。工事の請負人は下総25人、上総25人だったから下総上総の請負人に付いてきた人も多かった。上総の請負人は「人夫は安房、上総から来た千有余の数、現場近くに小屋がけ致しおり候」と運河会社への文書に記している。小屋がけというのは仮設の飯場であろう。また、『流山産業人国記』にも、西深井の農家の嫁がふるさとの茨城県猿島郡から20人余りの人夫を連れて来たという記録がある。

会社の工事中の営業報告書によると、日々に各地から集まる数は増えて、「五千有余の多数を見るに至る」とある。工事を始めた年の11月に5000人を超えたというのは、必要数を満たす数であろう。問題は花札、賭博、喧嘩、強姦、強盗などが多発して現場付近の風紀が乱れた点である。だから、巡査を配置して欲しいという要望が出て、工事が終わるまで配置されていた。にもかかわらず、戦後の理科大の工事の折に傷がある頭蓋骨が出土したという話も残っている。その事件は闇から闇へ葬られてしまったのだろう。

■通いの人夫は茨城南部から

日本全国から労働者が集まってきたが、運河近辺の人たちも参加した。それは農家の人たちだった。農業と運河開削の土方仕事は共通性があったから、雇う側も働く側も都合がよかったようである。流山、野田、柏、我孫子はもちろん、取手、坂東、守谷からも利根川の渡しを超えて来た。とりわけ多かったのは、目吹の渡しを超えて日光東往還をぞろぞろ南下して来る人たちだった。ドカベンを腰に下げ、大食漢は重箱弁当を背負ってきた。冬はまだ暗いのに、頭から湯気を立てて来るのだった。日光東往還は普段は通る人が少ないから、道には草が生えていたが運河の工事中は朝に夕に行列をつくって通ったので、草も生えなかったという。一方、埼玉の吉川からも、茨城程ではないが江戸川を超えて来たようだ。

さて、子供は13歳になると一人前に働いて、運河の工事にも出た。女の人も男に交じって働いた。だが、子供や女は男より低い賃金で抑えられた。

男	136人	18銭
女	19人	12銭
子供	11人	10銭

右はある日のある工区の労働者だが、女子供の割合は全体の2割近い（下段は1日あたり1

人の賃金）。

なお、鏑木学校（駒木新田）では成人に読み書きを教える夜学が一時中止になったと『ふるさと流山のあゆみ』に出ている。昼は運河工事の重労働では、夜学はムリだったのだろう。

ところで、近隣からの人夫は農家である。だから、田植えや稲刈りの時期には農業に専念する。そうなると、運河の工事ははかどらないから、どうするか。そこで、囚人労働を計画した。

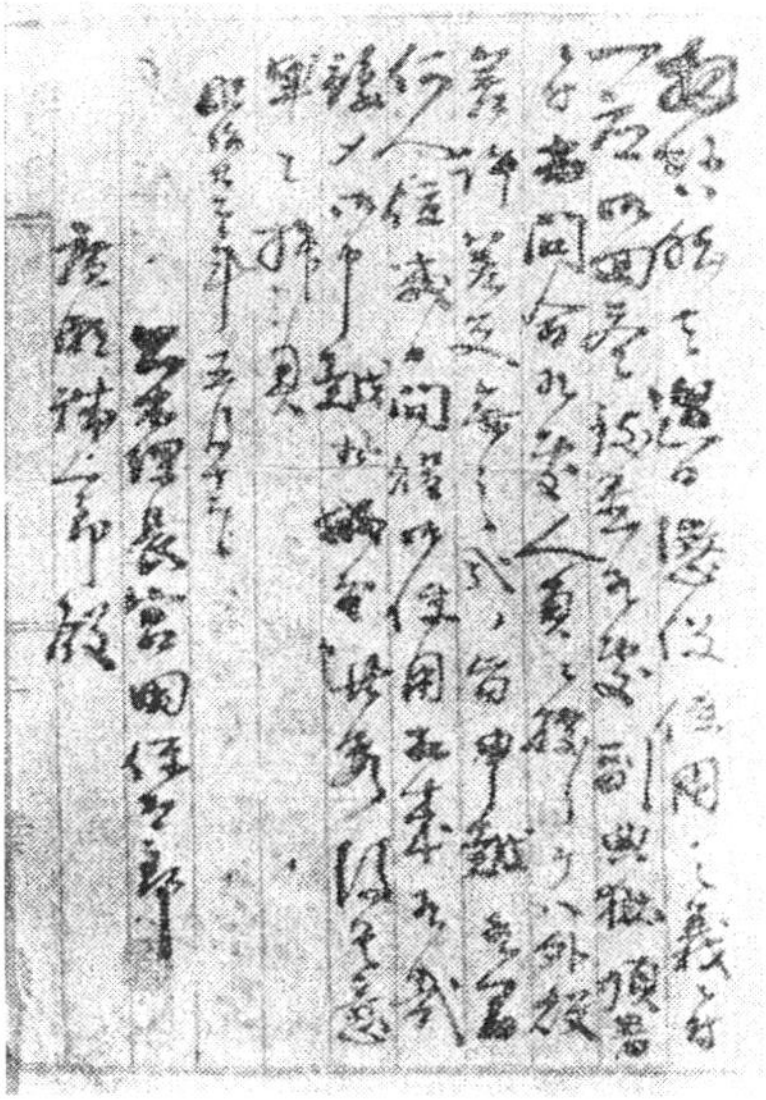

囚人労働の問合せ手紙

■囚人労働はあったのか

市川の囚人労働は明治18年のことで、利根運河の工事より少し早い時期である。市川は軍都と言われ、まず陸軍教導団が来て、市川～松戸の新道（国府台の坂道）が必要になった。そのための工事に、千葉監獄の囚人を連れて来て山を切り開かせたのである。総寧寺の境内に獄舎を建てたので、監獄山と呼ばれていた。工事で囚人が死んだので、その墓が堀之内貝塚にある。

話は熊本へ飛ぶが、旅行作家・山本鉱太郎さんの調査によると、熊本県三角西港でも３００人の囚人が働き、そのうち69人が死んだと言う。墓もあるし、「工事就業死の碑」も残っている。三角西港はムルデルが手掛けた工事だから、利根運河でも囚人を使った可能性はある。

このように市川や熊本の例から利根運河でも囚人を使ったことは十分考えられるし、運河べりで暮らす荒巻久子さんは親たちから囚人労働を聞いているし、流山4丁目でもその話を私は聞いている。

市川では『市川市史』にその記述がないのは、伝承だけでその資料が残っていないから。流山には文書が1点だけ残っている。それは、千葉県土木課長から広瀬誠一郎への手紙で、「懲役(人)使用の儀に付き、何人位、幾日間程ご使用相成候哉」という問い合わせである。私はいよいよ工事期限ぎりぎりに迫って、囚人労働を計画したとばかり思っていたが、日付は明治21年5月であるから、まだ工事は始まっていない。農繁期には人夫が少なくなるのを見越して、早めに手を打ったようだ。この手紙から、北野道彦さんは「囚人が使われたことは、ほぼ確実」と記している。

利根運河の開削工事には、延べ220万人が働いたと記録にある。私の試算によると、一日平均約4000人の人数が働いたことになる。集まった労働者は、多い時で5000人(明治21年7月)という記録も残っている。このような人海戦術によって、どうにか期限内に工事を完成させることができたのである。

⑨ 運河を掘削した土をどうしたか

利根運河で開削した土は、東京ドームの1・5倍と言われる量である。こんな大量の土を何に使ったのか。使った余りの土は捨てられたが、それは「土捨《どすて》」と記録に残る。それを土地の方から「ドステ」と聞いたし、ツチステではなく開削当時もドステと呼んでいたようだ。捨土も文書に残るが、土捨と同じだったろう。土取場は伊藤晃さんからドトリバと聞いたから、当時もそう呼んでいたらしい。それにしてもドステ、ドトリバとは、労働から生まれた力感あふれた言葉と言えよう。

■掘削した土をどう使ったか

利根運河は台地と谷津や低地の部分からできているが、開削したのは台地の部分である。台地を掘削したら、その土を何に使ったのか。

まず、低地や谷津の部分に運ばれて運河両岸の堤防が築かれた。運河橋付近は高い台地なので堤防は必要ないから、掘削した土は江戸川寄りの低地等に運んで築堤に使われた。利根川寄りの3区の堤防は土を積むと沈んだという。それは、江戸川寄りの化土《けと》という軟弱な土だったからで、化土というのは「草根の腐敗したるもの」だという。ケト土は大青田にもあった。

「大青田字諏訪下または城ノ越の辺より掘り揚げる泥土は、乾燥すればよく燃焼す。里俗この土を称してケトツチと言う」(『田中村誌』より)

だから、このケトツチは堤防の構築には使えなかったようである。

次に、開削した土は運河北岸にあった三ケ尾沼の埋め立てに使われた。2区の高台から三ケ尾沼までは2・1キロあって、土はトロッコや土舟で運ばれたのだろう。この沼は国有地だったから、無償で埋め立てが許されたのである。沼だった所を埋め立てて、今では美田と化していて、それが今の江川地区の水田である。

『水の道 サシバの道』では2割が築堤に使われ、残りが三ケ尾沼の埋め立て、他は土捨てだったと考証している。土捨ては堤防の構築や沼の埋め立てのような有効利用と、たんなる土捨てがあったのである。述べたように、開削した土の8割は埋立てと土捨てだった。三ケ尾沼は別にして、他の土捨ては元の地面より2メートル高く積んだ(坂巻家文書)とある。

東京理科大の敷地は元は森田果樹園だった。そこは、今の高さより5~6メートルも高かったと田中則雄さんが書き残している。土捨てで大量の土が積まれた跡だった。森田果樹園の絵

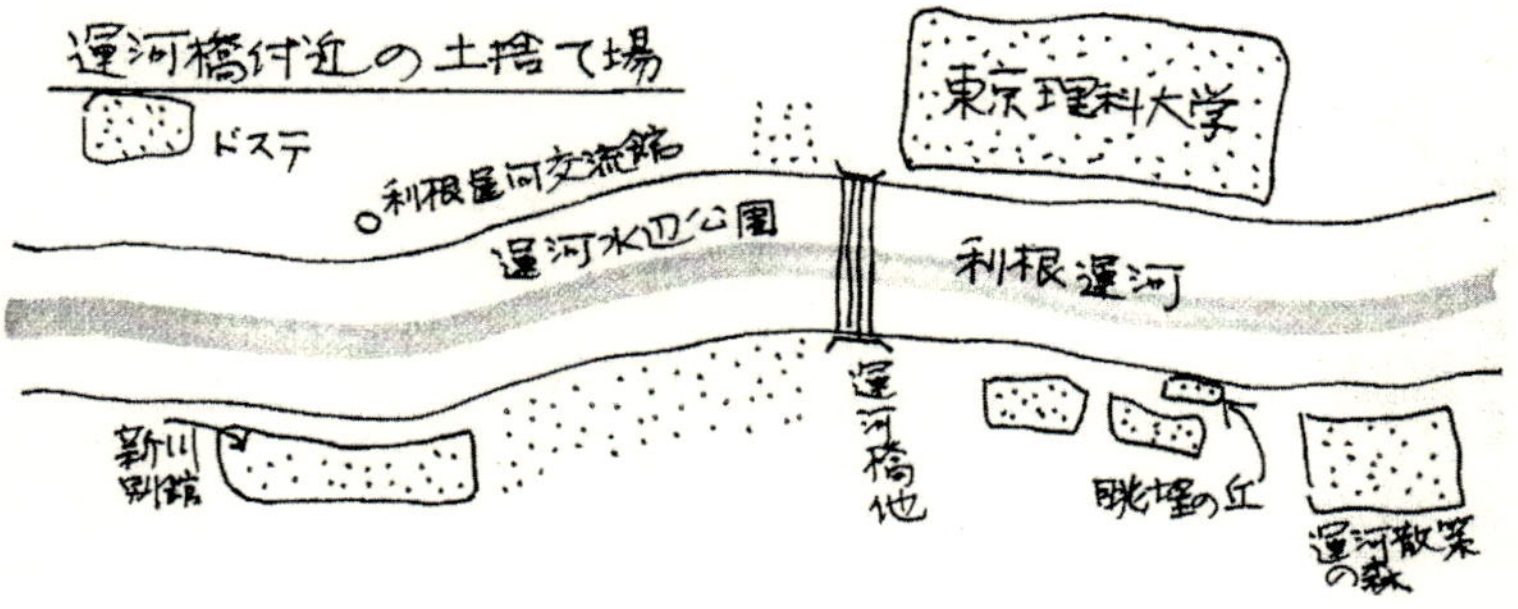

葉書写真を見ても、かなり高い土地であることが窺える。高いだけでなく、デコボコで複雑な地形だった。戦前は松林・栗林で、栗拾いに行った海老原章さん（東深井）は迷子になったことがあるという。

　そんな土捨ての山だったが、戦後の江戸川堤防改修でこの土捨ての土をトロッコで大量に運んだという。先の田中さんの証言を思い返してほしい。

■ドステで予算オーバー

坂巻家（東深井の北海《きたかい》道《どう》地区）は土捨ての契約を運河会社と結んでいる。明治21年の5月、儀右衛門が会社に土捨てのために自分の土地を貸し渡した契約書が残る。また、翌年の11月にも息子の兼吉が同じような契約を結んでいる。儀右衛門は東深井と山崎の6反余の山林を運河会社に土捨て場として貸し渡した「地所貸渡約定証」が残っている。他の例を見ても土捨て場は山林が多いが、水田もある。その内容は「土捨貸地」と文書にある。

　これは土捨て場の貸し渡しだが、土地を売り渡す場合もあった。それらを合わせると運河敷地代に相当するから、やはり土捨て地の貸し渡し代と土地購入代は会社にとって大きな支出と言える。

　利根運河開削の予算が40万円だったが、56万円になってしまったのは、土捨て場の購入と借入代が予想を大きく超えたからと言われる。千葉県土木局長は起工式の祝辞の中で、「一反五、六円の山林が百円近くにもなり、遂に二万円の金を山中へ投げ捨てたる状況になりて・・・」と、会社のやり方を非難するような演説をしている。

■今に残る土捨の跡

運河南岸の西から見ていこう。料亭新川の本館が西から移転してきたのは太平洋戦争が始まる頃、曳き家してきたから土捨ての上までは曳けなかった。だから、本館は自然の地形の上にあるが、別館は土捨ての上に戦後に建てられたのである。桜の頃は、座敷から運河と花を俯瞰できる絶好の眺めである。別館の並びの民家の4軒はそれぞれ階段を14段も登る。その東はスロープを上がって自宅になる。

高橋洋さん（東深井）は「宅地が砂交じりなので、親がイチゴを作ってくれました」と言う。「運河工事仕様」にも「多量の砂が混じった地質」とある。

南岸のドステは運河橋の東にもある。運河散策の森の西に「眺望の丘」と名付けられた高まりである。丘と言っても小高い土の塊のような形であるが、山田喜雄さん（ギャラリー平左衛門）は、「眺望の丘は、土捨ての跡です。ずっと今の形のままです」と、運河のビューポイントを語る。この丘に登れば、運河の曲線が際立って美しく見える。

眺望の丘の南側は住宅街だが、土捨ての跡が見える。東隣は運河散策の森で、その森も一部は土捨て場の跡である。

さて、今度は北岸を歩いてみよう。東武線が元の地形上を走っているが、ビリケンが建つ土手は一段高い。荒巻久子さん（森田家生まれ）は、

「森田家は理科大の高い所にあって、今の所へ下りてきたのは昭和の初めです」と言う。

理科大もふれあい橋の袂は高まりがある。理

科大もドステ跡で今より5～6メートル高かったのはすでに述べた。また、そこから流山と野田の市境までは対岸の眺望の丘から見ても高い。そこは先に述べた坂巻家文書に残る土捨ての跡である。そこは、南岸の運河散策の森と呼応して台地が終わり谷津にはいる。

台地を開削して土捨ては近い所にしたのは、運ぶ手間を省いたから。だから、土捨てが残る所は高い台地だったことが明瞭である。

⑩ 土運びと土羽打ちは どっちが骨か

クワやツルハシで台地を開削し、掘った土をモッコで運ぶ。土舟やトロッコで運搬するにしてもモッコで運ぶ。モッコの土運びは楽な仕事ではない。一方、土羽打ちは楽そうに見えるが、これも楽な労働ではなさそうだ。土羽打ちというのは、堤防や運河の法《のり》（斜面）を固める作業である。野球のバットよりも長めの棒（長さ1・5メートル）で、斜面の土を叩いて固める。この作業には土羽打ち唄があって、単調な仕事を唄で和らげる。

このように運んだり土羽打ちしたりするのは、運河開削の基本になる作業である。それにしても、モッコ運びと土羽打ちはどっちがきつい作業だったのか。

■何を使って掘ったか

『ひいらぎやノート』（岡田悦哉著）には、運河の作業で歌われた歌が出てくる。「掘ってしゃれ、掘ってしゃれ」と歌う。それは「掘ってさがれ」という意味。その作業唄が作業をする人から近辺の人々にまで広がり、工事中は語呂のよさから子どもにまで大流行したという。それは、おっぺけぺ節が流行した時期だった。何かにつけて「掘ってしゃれ、掘ってしゃれ」と歌われたという。

運河を掘るのはひとクワひとクワ鍬を打ち下ろして掘る。単純な作業だが、これは重労働である。単純な作業で、クワかエンピ(スコップ)にしてもツルハシにしても、原始的な人力に頼る労働だった。とは言っても、機械を使わなかったわけではない。工事費の中に「掘削用機械五四四四円」というのがある。この機械はどの程度の機械だったのかわからないが、値段から想像してかなりの近代的な機械だったようだ。

水路の水をかき出す水車も使った。これは写真で見ると水田に水を入れる踏み車のようだから、昔からの道具である。掘削工事中の現場の水は工事を妨げるから、水を水車でかき出したのだろう。記録に残る「水汲み」という職種はこれなのだろう。

ダイナマイトも使った。利根運河に岩場はなかったはずだが、堅い粘土質の土を爆破したのだろう。とにかく松戸警察署長からダイナマイトの購入の許可が下りている。3貫目(約11キロ)とあり、それが工事完成間近の3月5日であるから、仕上げの大仕事だったのだろう。

■何で土を運んだか

掘削した土を運ぶのは、基本的にはモッコで担いで運んだ。トロッコにしても荷車にしても、平らな場所の運搬なら任される。土舟は掘り進んでからでないと、(水路に水を溜めなければ)仕事にならない。

2区(運河橋あたり)の土は、1区(江戸川近く)の低地の堤防に使われた。運んだのは初めはトロッコ、掘り進めば舟でも可能だったろう。三ケ尾沼の埋め立てには2区から土舟《つちふね》で運んだようで、坂巻家文書に「距離平均二〇丁(約二キロ)船運搬」と出ている。それは完成した運河の水路ではなく、工事用の水路(土舟専用)だったという。土舟は1艘や2艘ではなく、2区だけで150艘も使われたというから

左は土羽打ち棒で運河の法を叩く　唄を歌って　右は２人で土を運ぶモッコ
骨だ、骨だとぼやきながら
『流山市史　別巻利根運河資料集』より

舟は大きな働きをしたと言える。

　トロッコは写真で見ると、堤防上の高い所に敷設したようだ。だから、トロッコの所まで運び上げなければならないが、それはモッコに限られる。急傾斜を運び上げるのは、骨が折れる作業である。トロッコは戦後は２人で押したというから、恐らく明治の運河開削時もそうだったのだろうと想像できる。

　『利根運河１２０年の記録』には「木製レールを架設して土を運ぶ車（トロッコ）を使用しました」という珍しいトロッコを記録している。これは山本鉱太郎さんが聞き書きした「どん車」（箱型の土車）に似ている。それは大正中期の堤防拡幅工事に使われたものであるが、同じものが開削時にも使用されたことになる。

　「ロレツ引き」、「ロレツ引き工夫」が工事日誌に出てくる。ロレツとは、２〜３頭立て馬でトロッコを曳く作業を指す。土は重量があるから、1頭より2〜3頭で引かせたのだろう。

■土羽打ち唄を歌って

私はドハウチと読んでいたが、土地の方はドハブチと言う。土羽打ち唄は戦後の流山の堤防工事でも歌われたようだが、今はまったく絶えてしまった。私は関宿でも訪ねて行って聞いたし、柏で利根町土羽打ち保存会の実演を見たこともある。唄の詞は普段の言葉だし、メロディも単純だが、労働の歌らしい力もこもっていて素朴さも、のんびりムードもそなえている。

ならせなあい　ならせなあよ　土羽棒でならせよ　ハア　ヤッサノコラサ
ならせばこの土手よ　ほんとによくしまるよ　ハア　ヤッサノコラサ
わたしゃなあ　あの子によう惚れて泣くよう　ハア　ヤッサノコラサ
（一色勝正採集　「流山研究」第3号より）

一日じゅう同じ作業を繰り返すから、唄でも歌わないと午後は居眠りが出てしまう。集団で同じ唄を歌うことによって、土手を平均にならし、同じように固めたのだろう。時には卑猥なアドリブも入れて楽しんだようだ。

■土運びは骨だ　土羽打ちの方がいいな

『流山市史』（別巻・利根運河資料）のイラストをご覧頂きたい。モッコ担ぎと土羽打ちが並んでいて、モッコ担ぎの2人はこぼし、土羽打ちはやり返す。

「土担ぎは骨だ。骨だ。」「そうよな。土羽打ちの方がいいな」

「馬鹿を言うな。ドハブチは歌うからノドが痛いんだ」

土羽打ちは「ようやんこらさの　ようやんこらさ」と歌い続ける。なんともののんびりした会話で、どっちが骨が折れるかは決着がつかなかったようだ。私が注釈をはさめば、土羽打ちだって力で打つように見えるけれど、実は棒の重さで打つ。だから、見ているほど楽な商売ではないと反論しているようだ。

運河の堤防は、このような土運びと土羽打ちのやり取りも土羽打ち唄も聞いているはずである。

⑪ 工事最大の難所はどこだったか

今上落《いまがみおとし》は江戸川近くで利根運河と直角に交わる。この落とし堀は、悪水落としと呼ばれるように、水田の排水堀である。この排水堀は江戸川と平行して流れ下り、なかなか江戸川に入らない。それはなぜなのか、疑問に思っている方が多いのではないかと思う。

利根運河が必要だったことは江戸時代から船頭たちによって熱望されてきたが、明治の半ばでやっと完成したのは、オランダの土木技術によるところが多かった。その今上落の伏せ越し工事（利根運河と今上落との立体交差）が、運河の工事の中でも難工事だったらしい。

■なぜ立体交差にしたか

問題なのは今上落と江戸川の水位の差で、江戸川の水位の方が高いのである。南へ向かって流れてきた今上落を運河の手前で江戸川へ流し込めれば難しい工事の必要はないが、今上落の水位が低いからそれはできない。また、今上落の水を運河へ流し込めばそれでも済むが、運河の水位が高いのでこれも不可能である。だから、今上落を運河の下へ潜らせるほかの方法はないとムルデルも考えた。

ムルデルも運河の計画書で、「今上落の近傍なる土地は低きに過ぎ、今にしてすでにその悪水の疎通に苦しむ景況」と、地形を分析している。なぜ江戸川が高くなったか。川底はだんだん高くなってきたし、幕末の浅間山の噴火によって火山灰が大量に押し流されてきて川底を高くしたようだ。

今上落は水田への用水路ではなく、用水の反対の排水路である。梅雨の頃は雨が多く降り、水田に溜まれば田植えした苗が水に潜ってしまい、そうなると苗は枯れてしまう。そうならないように、排水しなければならない。それが排水、だから悪水落としとも呼ばれる。

今上落は江戸川低地の水田の中を流れ下り、早く江戸川へ流れ込みたいのをそれができずに、加や流山ではもう水田はないのに流山2丁目でやっと江戸川に入る。野田の今上から流山まで延長11キロに及ぶ江戸時代に掘られた水路である。昔はもっと下流の万上工場の所まで達していたという。

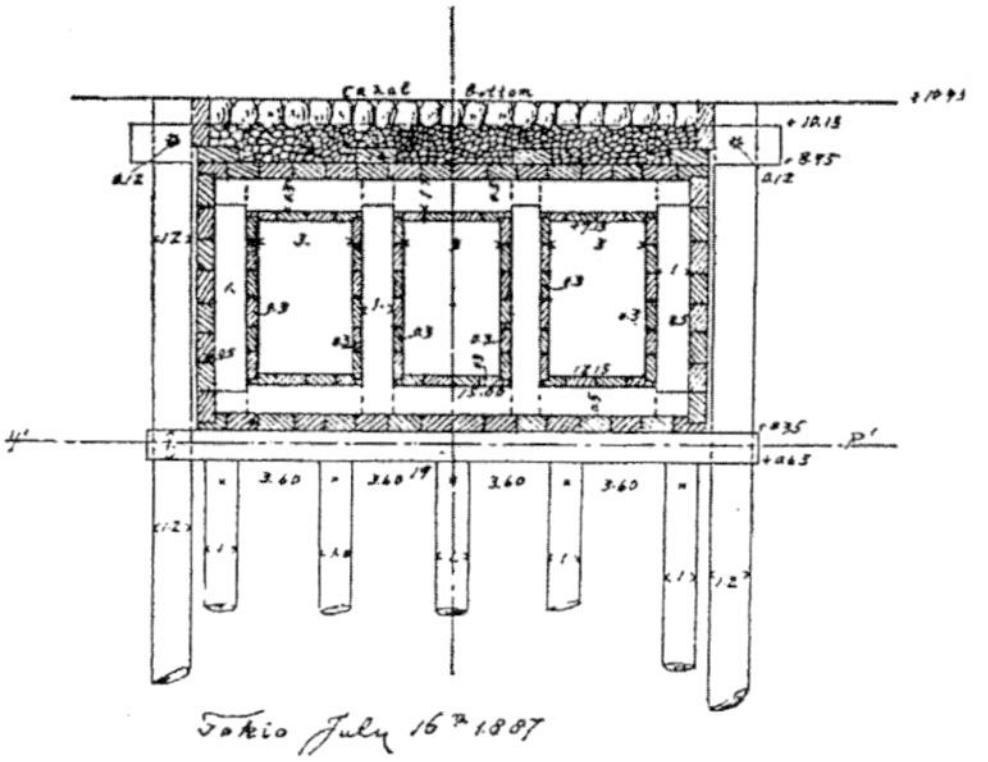

ムンデルが作図した今上落しの伏越図
『江戸川治水史』より

■ムグリの伏せ越しは最大の難工事

ムグリという方言は、モグリである。この地区ではカイツブリ（ニオドリ）をムグリッチョと呼ぶのは、潜りが得意な鳥だから。利根運河のムグリと言えば、今上落が運河を潜ることを意味し、いわゆる運河と今上落の立体交差である。

伏せ越しや掛け樋は江戸の中期、享保年間には日本にもあった。だから、オランダから輸入した技術ではないが、運河を潜る大掛かりな伏せ越しだったので、オランダの土木技術も加えたのだろう。

今上落の水は、運河の手前で潜り、潜ったら上がって流れるのは、サイホンの原理による。今上落は運河の下を潜らせて、暗渠で流すというやり方である。その暗渠の水路は木製で、長さ724メートルというから長い地下水路である。土杭を485本も打ち込んで基礎を固め、その上に土台木をすえ、敷板を張り、その上に枠木を置いて粘土で詰めた。上には厚さ10センチの敷板をはったというから堅牢な工事である。

「この水道は常に水中にあるがため、その用材にはコールタールを塗る」と、設計者のムルデルは腐食しないやり方をとる。また、板張りの継ぎ目には船に使うマキハタを打てと指示する。なお、伏越水道内に土砂が溜まるので、内部を掃除するために高さを152センチにしたとある。

■ムグリの割増労賃

その工事は、いわゆる3K（きつい、危険、暗い）だったようだ。そんなことで、この工事には割増労銀が出たと「利根運河奇譚」（小堺俊彦、野田市みずき野）に記録されている。割増労銀は、恐らく危険手当のようなものだったのだろう。

「ムグリ工事はたびたび中断された。異常な地下水の湧出や土圧による支柱の倒壊、大矢板の破壊による事故である」

死傷者が出れば、報酬目当ての命知らずにすぐさま代えられたと小堺さんは述べる。そんなことで、ムグリの工事は明治22年1月から、23年1月までかかる大工事だった。すでに述べたように、運河の今上落の伏せ越し工事はムルデルも最も苦心した所であった。

40万円の総予算を17万余りオーバーしたのも、この伏せ越し工事だと言われる。予算を超えた理由としては他に土捨ての土地買い上げ代と借り上げ代も指摘されている事はすでに述べた。

■伏せ越しを掘り出す

ムルデルが苦心した今上落の伏せ越しは、その後はどうだったのか。今、現場へ行って見ると、運河の手前で江戸川へ右折して野田南部排水機場からモーターで江戸川へ排水しているから、今は運河と今上落は立体交差していない。

交差していた頃は、年1回は木管の中に入って関係者で泥浚いの掃除をしていたそうである。「ムグリの水路の高さは大人が楽に立って歩けたそうです。その水路も昭和5~6年まで土地の有志の人たちで、水路の泥浚いをしていました」

今上育ちの鈴木いつさんは見聞を語る。梅郷側で耕地整理をしてからは、ムグリを使わなくなったと付け加える。木管の高さについては、ムルデルの設計と鈴木さんの記憶に少々の差があるけれど些細な違いである。水路の高さを152センチとしたのは流水量から割り出したものではなく、木管内にたまった泥浚いのため立ち作業ができる高さだったようだ。

『河川と流山』によると、昭和の初めに今上落のムグリの取り壊し工事をした。『懐かしの流山』には昭和12年の改修工事の写真が掲載されているが、これが取り壊し作業だったのか。

ムグリには立派な材料を使っていたので、それは掘り出して火の見の柱にしたり、橋を架けたりしたという。水に浸かっていたから40年たっても劣化せずにいたのは、材料としても良い物だったのだろう。それにしても、運河の下に埋まっている伏せ越しの材料を掘り出して再利用するというのは、不況時代の知恵だったのだろう。

⑫ 利根川、江戸川と運河の堤防はなぜ連動している？

運河は谷津を繋いだ所は堤防が必要だが、運河橋あたりのように台地の部分もあって、そこは切り通しにして堤防は必要としない。その台地の部分の開削の土で堤防を築いたり、三ケ尾沼を埋め立てたりした。また、運河の堤防は運河だけの堤防ではない。利根川から運河へ、江戸川へと続く一本の帯のように繋がっている。

もし、利根川と運河の堤防が繋がっていなかったら、洪水の時にそこから田畑へ水が漏れ出す。つまり、江戸川の堤防より運河の堤防が低かったら、運河の堤防から越流してしまう。そうならないように、利根川、江戸川と運河の堤防は同じ高さを保って連続している。このように連動して造られた堤防をもう少し探っていく。

■閘門運河か開放運河か

設計者のムルデルは運河に閘門をつけて洪水対策をするかどうか検討した。閘門運河か、開放運河か。埼玉県は洪水時を心配して、閘門運河を要望していた。

「利根川と鬼怒川の水が運河に入り、どっと江戸川へ流れ込んだら、埼玉側の堤防は決壊する」という心配からである。

これに対して、ムルデルは設計者として閘門をつけるかどうか、思い悩んだようだ。閘門をつければ江戸川の水は運河で堰止めて、下流の洪水を止められる。が、閘門を付けないでも同じような効果は出せないか。そこで採択したのは、狭窄部を六か所つくって水の勢いを押さえる方法である。狭窄部は10メートル程に運河の幅を狭める。普通は18・2メートルあるのが半分程に狭まるから、流れの勢いにブレーキをかける具合になる。

このムルデルの設計は明治29年の洪水では、

埼玉の江戸川堤防を破ってしまった。この洪水はムルデルの想定外だったのか。あるいは、予算の制約があって止む無く狭窄部ですませてしまったのか。そのような微妙な問題は、私にはどうにも判断できない。

明治29年の大洪水では、江戸川右岸の堤防（埼玉側）が決壊したのは先にも述べたが、運河の堤防も三ケ尾で3か所、大青田でも2か所も決壊してしまった。

■昭和初期の堤防改修

大正10年、運河堤防上の居住者は移転させられていて、それには国から移転料が出ている。何のためかと言えば、堤防の嵩上げ工事のためである。信じられないかも知れないが、運河の堤防上には様々な店が連なっていた。運河橋（東武線運河駅の西）のあたり、水堰橋（国道一六号線）付近には多くの店が軒を並べていた。

こうして、いよいよ運河の堤防工事は大正15年から始まった。それまでは明治23年に運河完成時のままの堤防であった。が、関東大震災で運河の堤防に亀裂が入ったというから、多少の修復はしているはずであるが。

さて、江戸川も利根川も、大正期に近代的な堤防に改修された。それにともなって、運河の堤防も嵩上げしなければならない。本格的な堤防改修はこれが初めてといってよい。

昭和16年の洪水で水堰橋は破壊され、堤防も切断されている。これが経営不振の運河にとっては「泣き面に蜂」。国へ身売りしなければならなくなってしまった。

■戦後の堤防改修

昭和22年9月、カスリーン台風によって利根川の栗橋堤防が決壊して、埼玉県側が水に浸かってしまった。これからの堤防は、カスリーン台風級の台風による洪水にも耐えられるような堤防改修が要求された。

今の東京理科大は富士見公園で、運河開削時の土捨て場であった。その土をトロッコで運んで江戸川土手や運河土手の嵩上げに使った。酒井徳衛さん（東深井）は1年間、トロッコを押す作業をした。2人で1台のトロッコを押したのだという。

窪田酒造前の堤防は石垣にしている
（写真／山本啓子氏）

「運河の堤防は約2・5メートル嵩上げしました」

と、戦後の改修工事を思い出す。深井新田には馬トロの馬が20匹もいて、臨時の厩《うまや》があったという。

高橋洋さん（東深井）は泥汽車が煙を吐いて10両もトッロッコを繋いで土を運ぶのを見ている。泥汽車だけでなく、ジーゼル機関車が江戸川の仮橋を渡って土を運んできて堤防に使っていた。

この堤防工事で、人夫たちのストライキがあったという。賃金の増額などを要求したもので、昭和25年のことだった。結局、人夫450人が解雇される騒ぎだった。その時の改修工事を日野屋の窪田和彦さんは、

「うちの前の土手は石積みです。堤防の傾斜だと家を移転しなければならない。移転しないで、そのかわり建設省は急な石積みにしてくれまし

た」

と、店の前の堤防が軒の高さまであるのを見上げた。嵩上げする前は、店にいても向こうが丸見えだったという。今、堤防と一階の屋根は背比べしている。

■運河は洪水対策の遊水池

運河を昭和17年に国が買い上げた時、洪水対策として利根川の遊水池として、利根川下流を洪水から守るために、運河に水を溜めようとした。利根運河の少し下流には田中調節池や稲戸井調節池があって、これも洪水対策の一つである。そこは水田であるが、増水すれば越流堤から水は水田に溢れ込む仕組みになっている。田中調節池と同じように、利根運河も洪水から下流を守るよう期待されている。

ところで、私は昨年の台風の後、満水になった運河を見たくて、わざわざ電車に乗って訪ねてみた。水は江戸川から入ってきていて、普段とは逆な流れが見える。普段はささやかな流れで頼りないのだが、この時ばかりは生きた水の流れを見たような気がした。これで水の濁りがなかったら、言うことはないのだが。このあと江戸川の水位が下がれば、水は江戸川へ流れていくのだろう。利根運河の流れも堤防に守られながら複雑である。

三　賑わった利根運河

⑬　運河は流山本町の斜陽化を招いたか

大青田（柏市）の人たちは運河建設に反対したという話は知られている。しかし、流山でも反対の動きがあったというのは、山本鉱太郎さんの「青年たちの運河」（芝居台本）以外に私は知らない。流山では常磐線に反対したと言われているが歴史には残っていないし、利根運河にも反対はあったのだろうが、具体的な記録としては残っていない。

風が吹くと桶屋が儲かるという言葉があるが、運河ができて流山本町が衰退するというのは、その種の話のように聞こえるかもしれない。まあ、読み進めば理解していただけるはずなので、先へ進ませて頂く。

■布施～加村の駄送

「岡船道」という言葉がある。これは「利根運河奇譚」を書いた小堺俊彦さん（野田市みずき野）から教えて頂いた言葉である。駄送の道と言ってもいいのだが、岡船道の方が私にはぴったりくる。なぜなら、当然船の道なのに、止むを得ず岡に上がって船の荷を馬で運ぶから、私は駄送の道よりも岡船道を使いたい。

布施と加村・流山河岸の間は岡船道（駄送の道）である。近くの農家が布施から流山へ、流山から布施へ、船荷の物資を運ぶのを生業としたり、農間の副業としたりしていた。

馬持ちの農家は多かった。馬を持てば農作業は楽だし、物を運ぶのも助かる。何よりも厩舎

布施から加村河岸は馬の背で運ぶ(イメージ写真)

から肥料が取れるのがありがたい。野田、流山、柏は小金牧に隣接していたから、牧の馬を払い下げることが多かったようである。

そんなことで、岡船道沿いの村は7〜8割の農家は馬を飼っていた。加村の場合は家数79軒に対して馬は26匹。前ヶ崎村は家数18軒で飼い馬14匹。布施村は岡船道の起点になるので特に多く、時代によって違って142匹、222匹という記録がある。家数は160〜180軒。1軒で2匹も飼っている家は親子で駄送をして駄賃稼ぎをしていたらしい。

道は悪いし坂道が多いし、冬は道がぬかるむから、馬車は使えない。米俵なら、馬の背に2俵を積んで運べる。それを1駄と数える。

■岡船道はどこに

布施河岸から加村河岸まで約12キロ、1日1往復だったが、忙しい時や若者たちは2往復もやった。途中で馬も人も休みたくなるので、駒木や加村台（布施にもあったと思われるが）には立て場という休む店があった。馬は飼い葉を食べて水を呑み、馬方は夕方ならトンパチ酒をひっかける。だから、立て場の庭には10匹も15匹もの馬が繋がれていたと古老は語る。

岡船道で、何を運んだのか。まず、布施からは東北や千葉、茨城の米が多かった。他に油、酒、茶、煙草、紅花、炭、薪もあった。また生魚、干し魚、ウナギも馬の背で運ばれた。

加村河岸から布施へは日用雑貨がとりわけ多かった。他には砂糖、塩、空樽などを運んだ。だから、布施へ向かう方が荷は比較的軽くて楽だったようだ。

岡船道は布施～加村の他にはどこにあったのか。船戸～流山、大室～加村、船戸～天谷、三堀～野田。布佐から松戸や木下から松戸へは鮮《な》魚《ま》道《みち》と呼ばれた。手賀沼の呼塚から加村への道も岡船道であった。

これらの岡船道は、利根運河開通後はすべて運河1本にまとめられたといっていいだろう。それぞれのコースで運ばれた物資のほとんどが、利根運河を通るようになったのだ。

■回漕店は加村河岸から運河へ

布施河岸～加村河岸の岡船道は、利根運河の開通によって物資輸送の道ではなくなった。その結果、加村河岸はすたれて、流山河岸（万上河岸、天晴河岸）から積み出す味醂が主になってしまった。

加村河岸にあった廻船問屋の秋谷平兵衛（新川屋の本家）も店をたたまざるを得なくなった。替わって運河に坂巻回漕店が、明治23年に開店している。だから、秋谷回漕店の仕事は坂巻回漕店に移ったという見方もできる。運河には坂巻回漕店の他に矢口回漕店、蓮見回漕店等が運河で店を開いて活動した。

今の富士橋のすぐ下流に問屋橋があった。廻船問屋（船問屋）をしていた秋谷平兵衛が近くに住んでいて、橋の架け替えのときに寄付金を多く出したので「問屋橋」としたと新川屋の秋谷光昭さん（新川屋呉服店）から聞いたことがある。船問屋は廻船問屋とも呼ばれた。布施河岸から駄送されてきた物資を、加村河岸で船に積み替える手配をした。秋谷平兵衛は加村の大旦那の一人だった。

　だが、利根運河ができたので布施〜流山の岡船道はすっかり廃れてしまった。利根川の瀬戸河岸にも回漕問屋があったが、運河ができて船は寄り付かなくなったから、利根運河の船戸へ移ったという。

■利根運河完成によって
流山本町の斜陽化始まる

　利根運河が完成して衰退した町は、流山だけではない。境町（茨城）や関宿町もそうである。どちらも、河岸の街として江戸時代から舟運で栄えた街だった。関宿には船の関所まであったし、造船所もあって、廻船問屋も軒を連ねていたが、いずれも運河によって衰退に追い込まれた。関宿の人口は、明治19年には５６００人あったが、大正９年には２７６０人に半減したという。

　流山本町、加村河岸は関宿ほどの衰退はなかったかも知れないが、『希望への道』（海老原実著）は、

「利根運河の完成によって、流山本町の斜陽化は始まる」

　と、ずばり断定している。加村・流山への駄送はすたれ、舟運も鉄道やトラックへと時代は進んだのが昭和の初期であった。江戸川べりにあって、水運とともに栄えた流山も、水運の衰退とともに斜陽化が残念ながら加速してきたのである。

⑭ 運河開削によって村はどう変わったか

東深井に北海道という小字がある。ホッカイドウではなく、キタカイドウと読む。東深井の北にあったから北海道なのだろう。ここは利根運河によって、東深井村と分断されてしまったので、野田と間違う人もいるかも知れない。

平成14年までは野田の水道を買っていたが、流山の水道管がふれあい橋を渡って来るようになった。だが、小中学生は野田の土地も踏んで通学する。小学一年生は小一時間もかかる。

運河開削当時は東深井村大字北海道。運河開削によって北海道や東深井村はどう変わったか。

■江戸期の東深井

古墳時代は東深井に古墳群があり、魚形埴輪ほか多くの埴輪が出土した。だから、近くに多くの人たちが住んでいたと想像できる。また、ここでは奈良時代に製鉄も行われていて、その溶鉱炉が市立博物館に展示されている。江戸時代の東深井村はごく普通の農村だった。水田が22町歩、畑が32町歩、水田より畑の方が多く、林畑（秣刈り場《まぐさかば》）が22町歩。家数66軒、馬を29匹飼っていた。だから、馬の草刈りをするための税も納めていたし、キノコを採るための税まで納めていたと記録にある。キノコはおそらくハツタケであろう。

家数は、明治初期には51軒に減っている。しかし、利根運河によって東深井、北海道の様子は大きな変貌をみることになる。

■運河開削で村は大騒ぎ

降って湧いたような運河開削の話に、東深井村の人たちは戸惑ったに違いない。測量にきた外国人を見かけるようになって、やっと文明開化の時代が到来したと思ったのではないか。

北海道の坂巻家には「運河開削願書」（明治

20年）が残っていて、「兼吉控」とあるから兼吉が書き写した文書である。坂巻家が出した願書ではないのに写し取っているのは、村にとって重要な文書だからだろう。

また、「掘削工事仕様」の最後につけた「坂巻儀右衛門　五九歳ノ時ニ書ク」という文は珍しい。なぜなのかは推し量るばかりだが、当家にとって重要事項だからか。古文書は味も素っ気もない文章だが、ここだけは人間臭い文で異彩を放つ。

工事で掘削した土は、「三ケ尾沼まで人車(トロッコを人が押す）で運び、そこから船に積み替えて沼の埋め立てに使う」と出ている。

運河の敷地を運河会社に売った記録もある。「運河開削川敷地代金取調帳」には、水田、畑、山林が買い上げられた代金が出ている。茶畑も17株買収されていて、茶は自家用だったか。現金収入の少ない村で水田や畑のほか山林までも現金収入になったのだから、そのことで村中は話題沸騰だったに違いない。

土地が売れただけではない。台地の部分を掘った土は三ケ尾沼の埋め立てや堤防にも使われたが、それでも余った土は土捨て場に貸して欲しいということになった。

「地所土捨貸渡約定証」という契約を結ぶ。「田五畝歩　地主坂巻兼吉　一坪につき一二銭」となっている。土捨てした土の高さは平地より約2メートルの高さまでという約束である。

東深井村には4人の組頭がいたが、そのうちの一人が坂巻家だった。だから、これらの文書は10点以上当家に保存されて、『流山市史　近代資料編　新川村関係文書』に残されている。

■農業から回漕店へ

坂巻家はもともと北海道で農業をしていた。運河ができるので、回漕店を始めることになった。新しい商売を始めるとなると、一大決心が

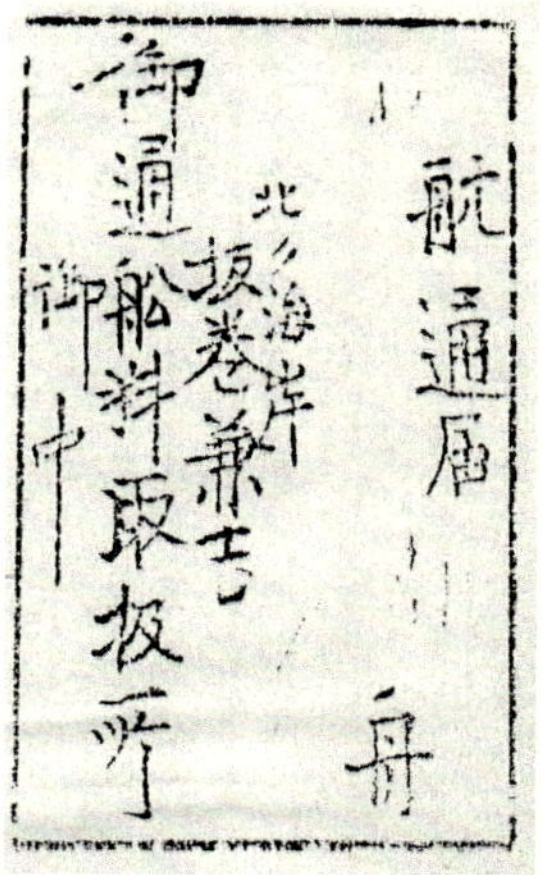

航　通　届
（坂巻儀一家蔵の版木）

必要になるし、不安もあったろう。

　坂巻兼吉が回漕店を始めるについて運河会社に出した願書が残っている。ついては伝馬船を一艘、運河の河岸場へ繋いで置く杭を打たせて欲しいというような内容である。新しい船を造ったので、その船を検査して欲しいと言う願書も、千葉県知事に出している。これら書類の住所は、今と同じ東深井５３８番地である。

　坂巻家には「通航届」という版木が保存されている。運河会社の通船取扱所へ出した届で、何回も通るから印刷物で済ませて、後で通船料をまとめて払ったようである。

■運河の思い出

　その坂巻家に生まれ育った儀一さんは、思い出の運河を語る。

「眺望の丘というのは近頃つけられた名で、起伏のある高まりを自転車で上り下りして遊びました。形は違いますが、高さは同じ位でした」

　近くで縄文土器が出たのでよく拾い集めた。竪穴式の遺跡もあったが、試掘だけで終わったようだ。戦中、飛行機の部品を隠してシートで覆ったという場所もある。

　昭和40年代後半、運河の水は今よりは綺麗だったが、坂巻さんは泳ぐことはしなかった。だが、先輩たちが運河で泳いだ話はずいぶん聞いた。釣りもやったし、釣りしながらビンドウを仕掛けて置くと、クチボソやコブナが捕れた。

　運河に浮かんでいた古い舟に乗って、がき大将が漕いで対岸に渡った。あっという間に渡ってしまったと記憶している。

ところで、私たちはムルデルと呼ぶが、坂巻さんは「ムルデルさん」と尊称を付ける。ムルデルに家を貸していたという家の矢口好さんも同じだ。両家ともムルデルに関係した家だが、昔はみんな親しみを込めて「ムルデルさん」と呼んでいたのかも知れない。

■悲願の運河を渡る橋

北海道から運河散策の森の所へ橋を架ける話はあったようだが、立ち消えになった。大人は車があるし、中学生は自転車が使える。が、ふれあい橋まで遠回りする小学生は可愛そうだ。何とか橋を架けたい。坂巻儀一さんは、『利根運河１２０年の記録』（流山市立博物館編）に、「橋を架けて東深井の南北を直結したい」と、北海道の人たちの永年の悲願を述べている。

⑮ 百歳が記憶している大正期の利根運河は？

鈴木いつさんは利根運河に近い今上で、大正６年に生まれた。今年百歳になる。この方、記憶力が抜群で、私は何度も話を聞いた。膨大な手記も書き残している。祖父の鈴木庄太郎はムルデルの技弟（助手）をしていたので、神戸港や木曽川へ出張した写真が残っていた。千葉県から貰った何枚かの辞令や図面もあったが、今は流山市へ行っていると言う。

■収入所のサデ網と箱船を並べた浮橋

鈴木さんが物心ついた頃の運河は、まだ時々小さな船が行き来していた。江戸川の出口の土手には運河記念碑が建っていたし、事務所でもあるかと思われる建物（利根運河会社）もあった。その頃は江戸川口から運河駅の近くまで橋がなかった。運河に入った所に、運河に突き出

すような収入所があって、

「長い竹竿の先につけた小さな網を差し出して、通る船から通航料を取っていました」

と、珍しい光景を思い出してくれた。網はサデ網とかタモ網とか言っていて、今でも釣り人は使っている。収入所の手前には、箱型の浮橋（写真参照）があって、それに乗って対岸へ渡るようになっていた。その浮橋は1メートル×1・8メートルの箱で、それ6枚を鎖で繋ぎ合わせて浮橋にしていた。料金は大正の末頃、2銭位でした」

と渡り賃も思い出した。それじゃ、船が航行できませんねと聞くと、真ん中の箱の鎖をはずすと箱は川下にずれて船は通れるような仕組みになっていましたと言う。勝鬨橋と仕組みは違うが、似たような橋であった。また、船の停泊する所は決まっていて、台風が来ると船はみな運河に入って来て、行儀よく岸辺に並んで台風が去るのを待っていた。

■今上落はムグリと呼ばれた

今上の水田の悪水落《あくすいおとし》は運河の下を潜って、流山根郷でやっと江戸川へ落ち入る（運河の下を潜らせないで、江戸川へ落としてしまえばいいのにと思うが、江戸川の方が高いからそうもいかない）。運河の水路の下を潜るのでモグリというのをここでは方言でムグリと呼ぶ。それは運河と今上落の立体交差である。

ムグリ（水路）の深さは大人が楽に立って歩けた程。その水路も、昭和初期までは毎年土地の方々が土浚いをしていたが、それは大変な作業だった。昭和5～6年ころ梅郷の耕地整理をしてからは、ムグリの掃除もなくなった。

運河は切り通しのように掘られていたから、岸は崩れやすい。それで、岸はお城の石垣のように割栗できっかり積み上げられていた。これなら、川蒸気が波を立てて通っても大丈夫であ

深井河岸南岸の桜
（大正４年　山中金三氏蔵）

る。

■水堰橋の構造と蛇籠の効用

３区の渡しの所には水堰があった。それは特別な堰で、丈夫な板を何枚もはめ込んで流れを堰き止める仕組みになっていた。板で全部を堰き止めたら橋の上流は水があふれてしまうから、下の方はあけて置いて水を流すようになっていた。（今でも16号線に水堰橋の名は残っているが、堰の働きはしていない）。

江戸川を船が通るとき川底に砂がたまらないように川岸に蛇籠《じゃかご》を斜めに置いた。これは太い針金の網に割栗という石を詰めたもの。この蛇籠を沈めて置けば流れが速くなるから、砂が川底にたまらない。これは、ムルデルの指導で行なわれたという。

■お茶屋さんの賑やかな太鼓の音

川蒸気に乗って来た行商たちは運河口の蒸気宿で下りて、荷物を背負ってあっちへこっちへと散って行った。海苔やシオカラなどの行商たちは、夕方になると蒸気宿へ戻って来て、川蒸気で江戸川を下って戻った。でも、川蒸気に乗る人はだんだん減ってきた。なぜかと言えば運河駅、梅郷駅ができてお客が汽車に乗るようになったから。それで、昭和の初めに、川蒸気の蒸気宿は廃止になったようだ。

運河にはお茶屋さん(料亭)もあった。運河を挟んで、北岸には中村屋、南岸には新川屋（新川は今もある）。北岸は鉄橋まで家が続いていた。夜になると、それらのお茶屋さんから芸者さんの三味線や太鼓が聞こえてきた。太鼓のリズムは華やかで、少女たちにも心地よく響いた。そのお客さんは、船頭さんだったようだ。

桜の木は運河ができた時にでも植えられたのか、古木が川面へせり出すようにして咲き乱れていた。2年生の時の遠足は運河の花見だった。鈴木さんは、「運河の花見は屋形船も出て、とても賑やかでした」と、顔をほころばせる。

運河ではトコブシという貝が取れた。岸の石垣の間にはサワガニがいて捕まえた。運河で立ち泳ぎしていると、カラス貝が足に当たるから取って持ち帰りました、と言う。運河は子どもの遊び場でもあった。

■少女たちも船にあこがれていた

「私は、船で暮らしている人たちにあこがれのような気持ちがありました」と、鈴木さんは回想する。船に乗っている女の人たちが、食事の支度をしたり、洗濯したりする姿を見ると、大きくなったら乗ってみたいと思っていた。父が船頭、近所の人も船頭さんだった。今上地区は、農家でも船頭さんが多い。だから、鈴木さんも船で生活したいと思ったのかも知れない。

南風が川下から吹く順風の日には、5反帆という白帆に風を一杯はらませながら10も15も連なるようにして上ってくる。鈴木さんたちは土手に腰を下ろして、白帆を飽かず眺める。緑のススキ原をバックに、うねうねと白帆が上ってくる光景はたとえようがないほど美しかった。子供たちは船に向かって「おおい」と叫ぶと、船の人も「おおい」と手を振る。子供たちは、船が通り過ぎるまで見送ってから家路につくのである。

⑯ 運河のほとりになぜ船形神輿があるのか

深井新田は利根運河によって、南北に分断されている。それは西深井も東深井も同じである。これら北岸は野田市と間違われたりするが、れっきとした流山である。なお、埼玉県にも深井新田があって、歴史を遡れば江戸時代に江戸川の直流化（ショートカット）によって、東西に分断された地区である。つまり深井新田は東西に、そして南北に分断された歴史を刻んだ土地。そんな深井新田の大杉神社に珍しい船形神輿があって、その大杉様は運河から約３００メートル北に祀られている。なぜ船形神輿なのか。運河と関連はあるのか。

■ムルデル碑建立を祝った船形神輿

あの日の記憶は鮮明に私の脳裏に残っている。満開の桜の下、船形神輿の渡御である。私は記念碑の募金運動にも参加していたし、流山市立博物館友の会で広瀬誠一郎や人見寧のことを調べていたから、ムルデル碑の除幕式は印象深く記憶しているのだろう。

昭和60年4月28日だった。船形神輿は野田市郷土博物館で見たことはあるが、神輿は大勢の人たちによって担がれてこそ生気を放つ。その時山本鉱太郎さんが撮った写真を深井新田で見せると、「この団長のハッピが私、左の鉢巻が宮崎洋典さんです」昼間三郎（深井新田）さんの顔がほころんだ。宮崎さん（深井新田）も31

年前の写真を懐かしむ。その頃、2人とも40代の働き盛りだった。

この日、深井新田の消防団が神輿の渡御を依頼され、昼間さんたちは初めての大人神輿担ぎだった。昼間さん、宮崎さんら消防団の他に「担がせてくれ」と言う助っ人も合わせて14、5人。見物人は多くムルデル碑あたりは身動きできないほどの数だった。ホコ天の車道をワッショイワッショイ、注目度満点の船形神輿だった。

「あの日だけで、あの後に神輿の出番はなかったですね」

と、宮崎洋典さんは深井新田の神輿渡御を寂しそうに回想する。

深井新田の船形神輿
（写真/山本鉱太郎氏）

■子供の船形神輿も江戸川に入る

昼間三郎さん（昭和16年生まれ）に船形子供神輿の話を聞く。ムルデル碑除幕の時は大人神輿だが、これは子供神輿である。7月14日が大杉さまのお祭りの朝、学校へは出るが、「お祭りだから暇ください」と先生に頼むと「よし」という許可が出る。学校から戻ると、まっすぐ大杉さまへ。真っ赤な天狗の面を神輿に入れると、神輿に神が宿る。白足袋をはいて白鉢巻をきりりとしめる。小学生も中学生も合わせて20人ばかりが担ぎ手。昼間さんたちは男だけだったが、娘さんの時代になると女の子も担いだ。それはお転婆娘だったというよりも、子どもの数が少なくなったから。

深井新田の30軒を1軒1軒神輿は回る。5班

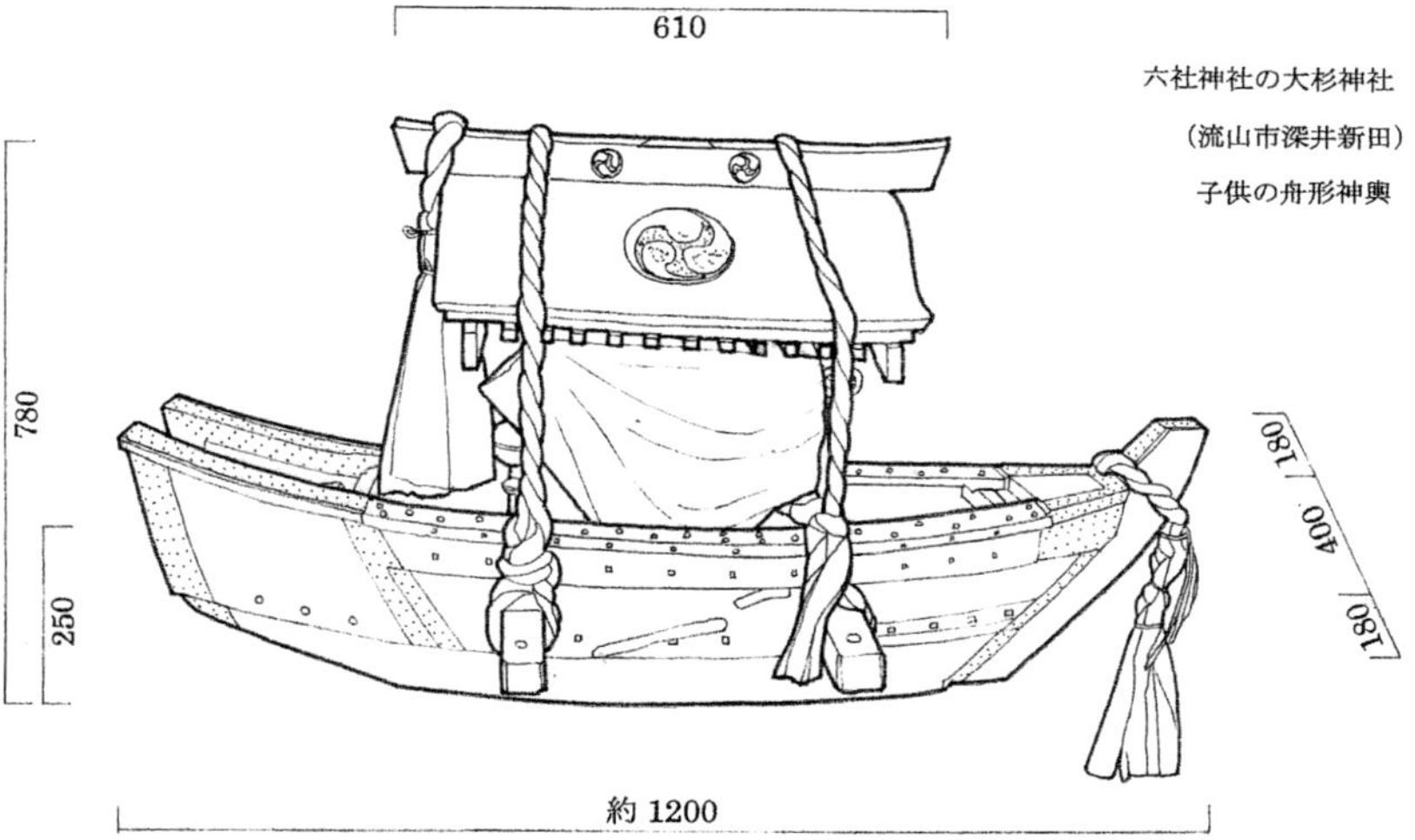

子供神輿(イラスト／岡村純好氏)

あって、班長さんの家（御旅所）では休憩して饅頭、おこわを御馳走になる。運河名産のスイカは汗を流した後の喉をうるおした。

「小麦饅頭がうまかった。戦後の食糧難の時代だったからね」

と、腕白時代を懐かしむ。運河の橋を渡って南にも1班あったので行くと、もうくたくたに疲れる。汗も流れてシャツもビショビショになる。そこで、最後は運河口の江戸川へ神輿を担いだまま入る。小さいながら船形神輿だから、川へ入らないことには終われないのだろう。

三堀（野田）の泥んこ祭りも最後は利根川へ入るが、深井新田の子供神輿も江戸川で清めるのだろう。そこまでで、もう体力はゼロになっていて、家に帰るのがやっとである。だから、神社へ戻すのは大人に任せる。こうして子供たちは祭りの役割を果たしたのである。昼間さんの時代は、大人の神輿渡御はもうなくなっていた。

■なぜ深井新田に船形神輿があるのか

運河南岸の江戸川口に利根運河会社の建物があった。地図（80ページ）には、その隣に「大杉さま」という表示がある（村山金一郎作成の運河家並図）。この大杉さまは、大正12年の堤防拡築工事で土手下になるので、移転することになった。それが、今は六社神社境内にある大杉神社である。

「神様に引っ越し頂くのは申し訳ないので、神輿と山車を寄進します」会社は恐縮してそう言って、船大工に船形神輿を造らせた。運河で仕事をしていた藤田さんだった。ムグリの今上落に使っていた廃材も使用したらしい。そうなると、大人の神輿が造られたのは昭和5年か6年ということになる。なお、昼間さんたちの担いだ子供の船形神輿は大人神輿の後に深井新田で造ったようだ。

大杉神社は利根川水系に多くあるが、平和台の大杉神社は普通の神輿だし、加岸の大杉神社も船形ではない。市内で船形神輿を持つのは深井新田だけである。

私は葛飾区青戸で子供の船形神輿を見ている。そこは中川のほとりである。野田市今上の下組にも船形神輿があって、子供神輿は今も街を練り歩く。野田市郷土博物館にある大人神輿は今上地区の物としかわからない。「下総・庄内領に見る大杉信仰の繁栄」（石田年子論文）によると野田の船神輿は今上を中心に8基あると報告している。『房総の神輿』では各地の神輿を取り上げているが、船形神輿は取り上げていない。

■少子化で神輿の担ぎ手が足りない

深井新田も過疎地と言えるのか。江戸時代からの戸数を守っているように見えるが、それよりも少子化によって、子供神輿の担ぎ手が足りなくなったと嘆く。子供は少なくとも14、5人はいないと神輿は担げない。

子供の神輿はいつまで担がれていたか。昼間さんの娘さんが担いだのは先に述べた。それは昭和51年頃だった。女の子たちも加わったが、それでも少子化には勝てなかったということになろう。深井新田では、単に「神輿」と呼んで、ことさら「船形神輿」「船神輿」等とは呼ばない。この船形神輿の他は知らないから、神輿で通用するのだろう。

■小林一茶の見た安波大杉大明神

一茶は度々下総を訪れているから、各地の祭りを見ている。『七番日記』に我孫子の布佐《ふさ》で、神輿大小二ツかつぎ出して、「安波《あんば》大杉大明神悪魔を払ってよういやさ」と笛太鼓で囃す祭りを活写している。布佐と深井新田の祭りは少し違うようだが、深井新田の神輿のご神体は天狗だから、悪魔払いの意味がこめられているのだろう。

＜「東葛流山研究第12号「西深井大杉神社の船形神輿」瀬下登美子を参考にした＞

⑰ ビリケンはなぜ運河のほとりに建つ？

奇妙な石像が運河橋に近く、北岸の土手に建っている。頭が尖がって、目が少々つり上っているが、何とも愛嬌がある裸の石像である。「福之神」とあり、右から書いてあるから戦前に建てたもの。石の風化から見れば相当古いようだ。

運河を見下ろしているビリケン
（田中則雄氏作製）

ＢＩＬＬＩＫＥＮと読めるから、これが大阪通天閣でも有名な福の神ビリケンと同じである。

それにしても、なぜビリケンはここに建っているのか。運河とも関係があるのか。

■ビリケンは百年運河を見続ける

映画「ビリケン」が平成8年に作られた。大阪通天閣を舞台にした作品で、庶民に翻弄される福の神ビリケンを描いたという。最近話題の安全保障法案は憲法違反ではないか、それは立憲政治に反する、「非立憲」（ひりっけん）は「ビリケン」に通じるというので新聞等で書きたてられた。

そもそも、ビリケンはアメリカで発祥した。１９０８年（明治41年）シカゴの美術展に出品された奇妙な裸像が、当時の大統領ウイリアム・タフトに似ていると話題になり、福の神としてマスコット扱いされた歴史がある。日本では明治43年、新橋の文明堂がビリケンを店頭に飾り、それが当時の首相・寺内正毅に似ていたことから寺内はビリケン首相と騒がれた。

さて、野田に住んでいた田中則雄さんは、『醤油から世界を見る』でビリケンを取り上げた。

田中さんがビリケンを知ったのはそれからである。東京理科大のあたりは、今よりも5～6メートルは高かったのは運河を掘った土を捨てたから。そこに森田果樹園があって、『東葛飾郡誌』にも出ている。ブドウを主にした3ヘクタールもの広さで、当時県会議員だった森田繁男の経営。創設は明治45年から翌年にかけてだった。その果樹園は10年程で終わり、森田公園となっていたという。

森田は、果樹園の高台に新四国八十八か所（利根運河霊場）の大師堂を建て、１番札所と88番札所とした。お祭りの4月21日には近郷近在から多くの人が集まり、出店が並んで芝居小屋までかかった。その大師堂に森田がビリケン像を建立したのが、大正2年だった。のちに、そこから現在地へ移されている。ビリケンの流行はアメリカから東京へ、そして運河へ届くのに2～3年しかかからなかった。森田は時代の動きに敏感だったようだ。以来、百年あまり、ビリケンは運河の栄枯盛衰をじっと見て来た。

ところで、興風図書館で調べても、ビリケンの文献は田中則雄さんの他は下津谷達男さんの度毛史跡めぐり「大師堂とビリケン」しかない。ビリケンそのものは百科事典等にもあるが、運河のビリケン資料は極めて少ない。運河のほとりに住んでいた一色勝正さんは、東葛の金石文を丹念に調べた方だが、「東葛のビリケン像はここだけ」と、田中さんに語ったそうである。

■インターネットでビリケンの話題沸騰

インターネットを覗いてみると、ぞろぞろと際限なく情報が満載されている。不可思議な石像なので、話題が話題を呼んでいるらしい。プロ野球広島カープだった頃に前田健太投手はグラブにビリケン像を描いていたという。勝利投手の幸運を呼び込むためらしい。また、通天閣の木像のビリケンは2代目らしいが、テレビでも見たことがある。駅や空港の土産品でもビリケンのキーホールダーが売れているというから、マスコットとして身につけていたいのだろう。

大阪市浪速区恵美須東にはビリケン神社がある。また、神戸市の松尾神社のビリケンは最も古いと言われている。大阪にはビリケンタクシーも走っている。この会社の保有台数は39台。ビリケンは商売繁盛につながるらしい。宝くじ売り場に、関西ではビリケンが置いてある。

このようにビリケンは関西で人気とばかり思っていたら、東京にはビリケンという出版社が2社もあるのには驚いた。利根運河のビリケンもインターネットに載っていて「個人の所有かも知れません」とある。これはインターネットの気楽さで、少し調べれば森田さんの所有とわかるのにと私は思ってしまう。

■足の裏をなぜると幸運がやって来る

ビリケンは森田家の庭先に、運河を眺めるかのように建っている。理科大の高い所からここへ移って来たのは、住まいが移転した昭和の初めだったという。森田家で育った荒巻久子さん(東深井)は幼い頃からビリケンを見てきた。祖父の繁男が建てたとも聞いているが、ビリケンの足裏をなぜると幸せになれるという話は初耳と言う。久子さんは語る。

「ビリケンにお賽銭やミカンをあげたり、拝んだりしている人は見ています」

祖父・繁男は久子さんが生まれる前に亡くなったが、利根運河会社の役員もしていたとも聞いている。運河の陰りが見え始めた頃、繁男は運河の観光地化を目指して観光果樹園、運河霊場を始め、ビリケンを建立したのではないかと久子さんは推量する。

田中則雄さんはビリケンの絵葉書も作った。論文の発表が昭和62年、絵葉書もそのころ作ったはず。ところが、絵の光背の欠け方が今の形と違う。その時も欠かれてはいるが、絵葉書の後も欠かれている。タウン誌「とも」編集長の梅田宏さんは証言する。

「私は、何回も欠かれて来たのを見ています」

欠いたカケラを身に付けていても、何のご利益もないはずなのに。流山二丁目、金子市之丞の墓石も欠かれるというが、ビリケンも金市も災難である。

古来、ビリケンの足裏をなぜると、幸せになれると言い伝えが、アメリカにも日本にも、特に関西にはある。なぜて欲しいと足を突き出しているようにも私には見える。ところが、運河では石像を欠く。それを、運河南岸に住む高橋洋さんは「文化財を壊すとは・・・」と嘆いている。

ビリケンはユーモラスで可愛いと、朝市のお客さんにも評判。この朝市が「運がいい朝市」と呼ばれるのは、幸運の神様が見守っているからかも知れない。

⑱ 運河の流れはなぜ逆になったか

利根運河の水は太平洋へ流れて行くのか、東京湾へ流れて行くのか。今は東京湾へ流れて行くが、ムルデルの設計では江戸川から利根川へ、そして銚子で太平洋へ流れ行くようになっていたし、開通しても設計通り流れていたのである。

それが明治29年の洪水から、反対に利根川から江戸川へ、そして東京湾へ流れて行く。なぜこのように流れの向きが替わったのか。その謎に迫りたいのだが、その前に今の運河の水は利根川から流れ込んでいるのかどうか。

■今、水は利根川から流れて込んではいない

運河の利根川口の運河揚水機場に立ってみる。利根川と運河には、段差が約4メートルあるから、水は利根川から流れては来ていない。近年、利根川の水をポンプアップして運河に流しているという。だから、利根川の水も一部流れていることはいる。ポンプアップしているのは、運河の水質浄化のため。ポンプアップして流しているといっても、私には以前と比べて水量が増えたという実感はないし、多少なりとも綺麗になっているという感じもない。おそらくポンプアップの水量は少ないのだろう。

これに対して、流山南部を流れる坂川の水は北千葉導水事業によって水質は良くなってきている。野々下では盛り上がるようにして流れていて、これなら水質も改善されるはずである。

話を戻して、運河と利根川との水位の差はどうして起こったのか。それは戦後の東京の高速

道路やビル建設のために川砂を大量に採取したからであろう。江戸川は約2メートル川底が下がったと言うから、利根川もその位かと見当が付けられるが、運河と利根川の段差は約4メートルだから、利根川の川底は2メートルよりもっと下がったかも知れない。それにプラスして、運河の水路は少しずつ土砂で埋まっているのだろう。戦後は運河の水路の浚渫をしていないのが原因である。

それなら、ポンプアップしてない頃の運河の水はどこから来ていたのか。まず、運河流域の家庭の雑排水である。この地区の下水道化は遅れているので、運河の水はひどく汚れていることもあった。運河構内にはあちこちに湧水もあるし、雨後は雨水も集まる。また、江川排水路（三ケ尾）などの水も流れ込むようになっている。これらが、運河を流れる水だった。

■運河は利根川の分流

江戸川は利根川の支流とする文献もあるが、それは分流が正しく、この近くでは利根川の支流と言えるのは鬼怒川である。とにかく、利根川は関宿で江戸川を分流する。流量は江戸川4に対して利根川は6等と言われる。利根川は下流ですぐに鬼怒川の水を合流するが、それと同じ水量を運河へ現役時代は流していたこともあった。

運河の水は江戸川と合流するから、鬼怒川と同じ水量を江戸川は飲み込んでいたことになる。水量からだけみれば、鬼怒川は江戸川の支流のような形になっているとも言えよう。運河は一時、「派川利根川」と呼ばれた時代があって、それは建設省によって命名されたものである。派川の「派」というのは、分流の意味もあるようだ。

だから、いったん洪水となったら利根川も運河も江戸川も、一蓮托生となって濁流をかかえる運命にある。江戸川も運河も、利根川の子供のようなものなのだろう。

■運河は気まぐれ川だった

運河の水は初め江戸川から利根川へ流れていた。それが、明治29年の大洪水で逆の流れになった。なぜそうなってしまったのか。根本的なことから先に言ってしまえば、利根川も江戸川も水位の差はわずかしか無いことである。開通する直前の明治23年は、流れの向きが猫の目の根川へ、〃24日江戸川へ、〃29日利根川へ。

素人には分かりにくいが、開通直前には確かにどっちへ流れるか、水も迷っていたのだろう

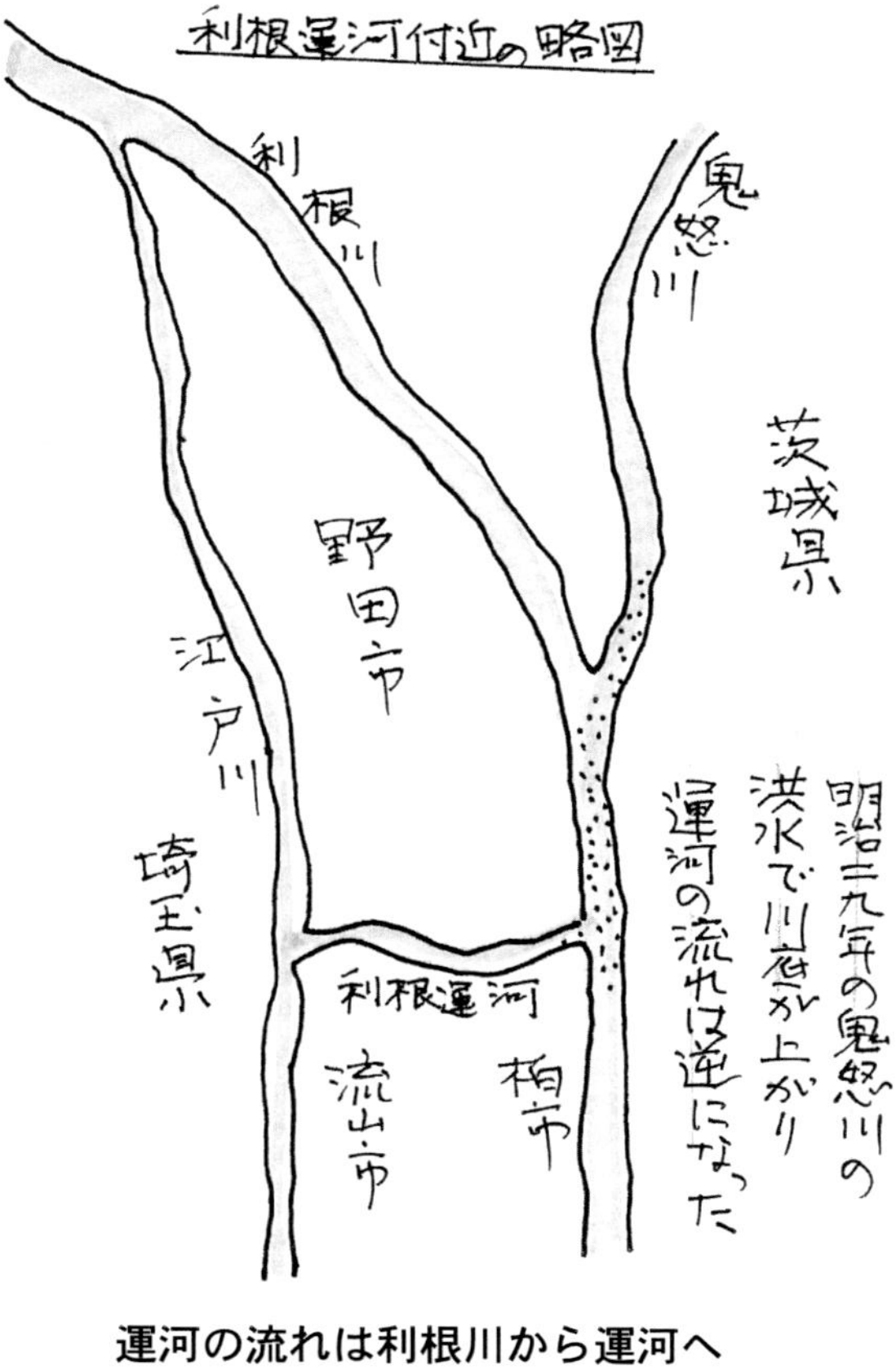

**運河の流れは利根川から運河へ
そして江戸川へと変わった**

か。工事は完全に終わっていないというのと関係あるのかも知れないが。

同じ川（運河）がこうも流れが替わるというのは珍しい現象ではないかと思う。あっちへ流れたり、こっちへ流れたり、あるいは停滞することもあったと記録にある。そうなると、満ち潮、引き潮が関係しているのではとも考えてみるが、金町・松戸あたりまでは関係あるだろうが、ここ利根運河までは考えられない。私は江戸川の小岩でハゼを釣ったことがあるし、矢切の渡しでユリカモメの群れを見たこともある。ハゼやユリカモメは海や潮の混ざった水を好む生き物であるが、それらは運河では見たという話は聞いたこともない。つまり、水位の差が僅かしかなかったから、昨日は江戸川から、今日は利根川からという気まぐれな流れ方をしていたのだろう。

■なぜ流れの向きが替わったか

それが、明治29年の洪水から利根川から江戸川へと流れの方向が固まったのだが、その理由は鬼怒川の洪水であった。鬼怒川は男体山他の雨水を集めて山から急流を利根川へどっと流れ込む。関東平野をおっとりと流れる利根川とはかなり性格が違うようだ。鬼怒川は普段は清流であるが、いったん洪水となれば濁流を押し流す、先を急ぐせっかちな性格もあったようである。運河会社の洪水日誌には、

「特に鬼怒川の増水甚だしく、よって両川口の水量およそ三六センチの高低を生じたり」

という記録もある。肝心なことは、鬼怒川の流れは洪水となると水と一緒に土砂も押し流してきたから、利根川の川底を高くしてしまったし、それは運河の入口まで高めたから、流れは利根川から江戸川へとなったのである。

なお、明治29年の大洪水は江戸川右岸の堤防を決壊させたのはすでに述べた。この洪水は以

後の河川行政を方向転換させる。すなわち、低水工事（浅瀬の浚渫）から高水工事（堤防を高くする）へ、水運よりも洪水対策に重点が置かれるようになった。そんなこともあって、水運は急速に衰退に向かうのである。

⑲ 浄信寺になぜ運河会社の石灯籠があるのか

東深井の日光東往還沿いに浄土宗の浄信寺が構えている。戦国時代の創建だが、建物はすっかり改装なって広い境内はゆったりと壮厳な雰囲気を保っている。住職の三輪行雄さん（昭和18年生まれ）は慶応大学出身の知識人で、

「昔、寺は人の集まる所、文化の発信地でした。これからは寺の復興をはからなければなりません。檀家総代の蓮見昌世さんとも、そんな事をよく話しています」

と、春秋の文化講演会、仏教講和、写経の会、将棋教室、映画会を持ち、自分史を語る会も計画中。地下ホールを造ったのは、これらの集まりを持つことによって開かれた寺院を目指しているから。

浄信寺は明治維新の廃仏稀釈によって無住の時代は東京深川の正源寺が兼務していたから、鈴木周善住職は恐らく通運丸で東深井へ通ったのだろう。近隣の山林取得などで寺領を確保して寺の再興に尽した。

先々代は明治30年代半ばに30世住職となって、佐原の法界寺から来たのも通運丸だった。内室の松江は茨城県鉾田の寺に生まれて東京の共立女学校に学んだから、学校へ行くにも浄信寺へ来るにも北浦～利根川～利根運河を利用していた。松江の長男（小原裕邦）も僧侶となったが、通運丸で利根運河を行き来して「追憶の蒸気」という詩を残している。

夜目にも鮮やかに立ち上る白い蒸気

淋しげな三分芯の赤いランプ
悲喜こもごもに乗り会う乗客のざわめき

運河を颯爽と航行する通運丸を髣髴とさせる詩であるが、夜の蒸気船の哀感も感じられる。

そのような浄信寺墓地に、利根運河会社から寄進された石燈籠が1対ある。それは、なぜなのか。

■森田繁男は運河会社の取締役

森田繁男は明治元年に群馬県高崎の生まれ。小学校の訓導（教諭）をしていたが、利根運河会社に就職した。群馬と千葉は遠いようだが利根川から江戸川へ直結していた。就職して程なくして会社支配人となったから、仕事もできた人だったようだ。千葉県県会議員をして後に会社の監査役を務め、新川村の村長もやった。そして、運河会社の専務取締役まで上り詰めた。

運河大師の大師堂を建てて運河霊場八十八か所を開設したりしたのは、運河の支配人をしながらだった。そもそもなぜ運河霊場を始めたかと言えば、運河の工事で犠牲になった人たちの供養のためだったし、運河を観光の拠点にして人を集めようとはかった。人が集まれば、運河会社の経営も順調にいくに違いないと。弘法大使を信仰しながら八十八か所を歩くのは健康にいいし、娯楽にも繋がる。

「大師様のお祭りの4月21日は、賑やかでしたよ。出店が多く、大師堂は今の理科大の線路際にありましたが、それは大変な人出でした。自転車競走があったり、芝居がかかったりもしましたから」

と、孫娘の荒巻久子さん（東深井）は語る。なお、森田家の屋敷の前にビリケンが鎮座するが、これも森田のアイデアで実現し、そのことはすでに述べている。

■果樹園で観光地化

大正元年に森田は現在の東京理科大の所へブ

森田果園荷作り場 （森田晴子氏蔵）

ドウ、ナシ、モモの果樹園を始めた。3町歩（3ヘクタール）というから広大な面積である。ナシやモモのもぎ取り、ブドウ狩りで人を集め、京浜方面へも出荷した。荷造りをする絵葉書写真が残っているが、男9人、女9人の大勢である。

近くの学校は遠足といえば利根運河だった。また、桜の季節には遠く東京からも押しかけて来た。花見の屋形船は紅白の幕を張って来た。子供たちが曳き船を手伝うと、船からは夏ミカンやお菓子を投げてくれた。料亭新川で宴会をして、日本髪の芸者も一緒に船に乗り込んでお花見としゃれこむ人たちもいた。

春は花見で賑わっても、秋はナシやブドウの客を呼べれば本格的な観光地といえる。その頃はまだ観光果樹園という言葉はなかったが、観光果樹園の走りだったかも知れない。なお、写真で見ると果樹園でなく「果園」となっている。

果樹園という言葉も一般的ではなかったようだ。

この果樹園の跡地は、森田公園とか富士見公園とか呼ばれて親しまれていた。ドステだったから高台のように見晴らしがよく、遊具があった訳ではないが公園と呼ばれていた。それが戦後は元のように林になり、高橋洋さん(東深井)によると、「ここはハツタケの宝庫で、採って来ては母にハツタケ御飯を作ってもらいました。最高の御馳走でしたね」と、懐かしい思い出を語る。

■森田果樹園はなぜ10年で閉園

森田果樹園は10年程でやめているが、なぜ閉園してしまったのか。果樹園の10年というのは、いよいよこれからが本格的に実をつける時期である。そこはドステ（運河を掘った土を捨てた所）だったから作物は育ちにくかったのではないか。ブドウやナシは東葛地区の特産地だし、モモは明治期には岩名地区の名物だったから、この地が果樹の栽培に向いていると言える。

さて、私は葛飾区細田の農家がビル工事の残土を畑へ入れるのを見ている。ビルは地下2、3階まで掘ると大量の土が出て処置に困り、できるだけ近距離の農家の畑に入れさせてもらう。あらかじめ畑の表土をブルで1か所に集めて置いて、残土を平に敷いてその上に元の表土を敷き直す。表土は、何百年も丹精込めて培ってきた耕地であるから残土は下へ表土は上にする。

「ビルの残土では作物は育ちません」と、説明してくれた農家の言葉を思い出す。

今の理科大の所はドステの土が5～6メートルも積んだと田中則雄さんが記録している。このドステは東京のビルの残土と同じだから、作物はよく育たない肥料分の無い土だった。それでも捨ててから20年程経過しているから、松や雑木の林になっていた。自然の樹木は育っても、栽培する果樹は思うように育たなかったようだ。

新川村関係文書によると森田果園の土地は「荒《こう》蕪地《ぶち》」とあるから荒れ果てた土地だった。だから、森田は見切りをつけて果樹園をあきらめたと私は考える。

森田は村長や県会議員に打って出たところを見ると、夢多き政治家、実業家だったように見える。孫娘の荒巻久子さんは祖父（森田繁男）を語る。

「私が生まれた時、祖父は亡くなっていましたので祖母から聞いた話ですが、ビリケンを建てるような新しがり屋だったようです。また、運河が洪水の時に堤防に土嚢《どのう》を積んで、その上に大の字になって寝たという豪放な人のようでした」

洪水で堤防が切れるかと心配して集まった人たちに、（心配するな。ほら、この通りだ）と堤防の天端で大の字になって一夜を明かしたのか。

浄信寺の森田家の墓地にある1対の石灯籠は、お盆やお彼岸の墓参りの子孫たちを迎える。その燈籠は、森田の1周忌に運河会社から贈られたものである。

⑳ 堤防上の店はなぜ賑わったか

図のように、運河の堤防上には様々な商店が軒を連ねていて、それぞれ賑わいを見せていた。今見ようと思っても、似たような光景はないから地図から想像するばかりである。その土地はもちろん個人の所有地ではなく、運河会社の土地であった。土地を借りて家を建て、いつの間にか店がずらりと一列に行儀よく並んでしまったらしい。

限られたスペースだから、建て坪は狭い。6畳と8畳の2間が多く、たまには3間もあったようだ。そこで生活しながら、船頭相手に商い

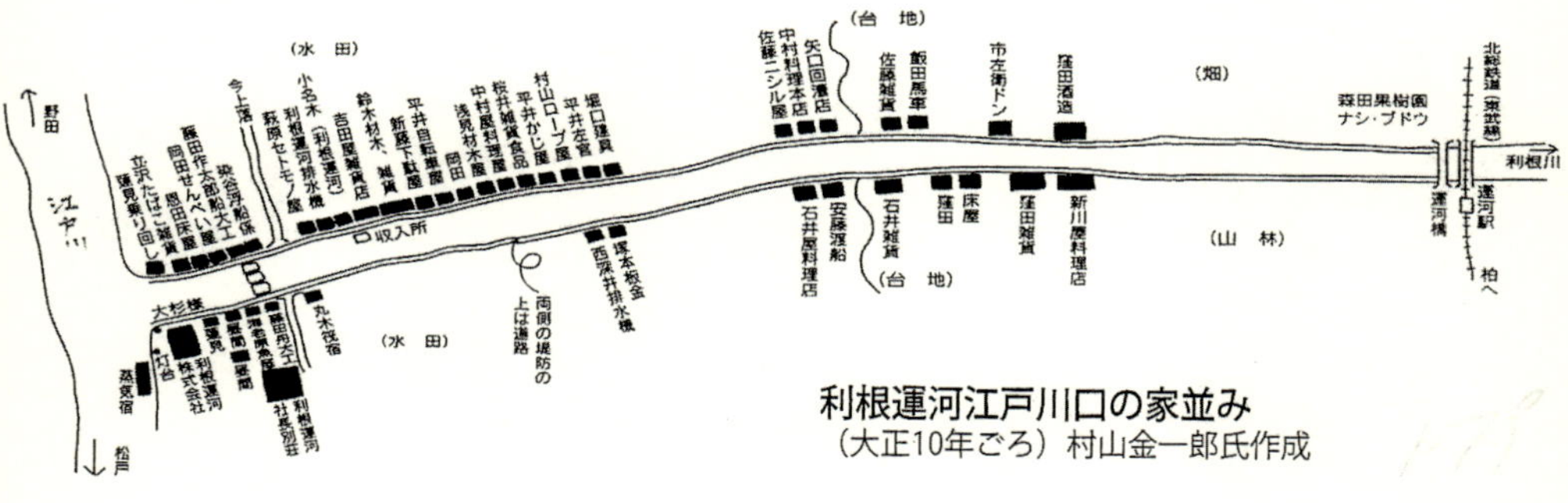

利根運河江戸川口の家並み
（大正10年ごろ）村山金一郎氏作成

運河の堤防の先端には櫛の歯のように
さまざまな店が並んで賑わっていた

をする。高い所で風当りは強いから、夏は涼しくても冬の寒さは耐えられない程だったのではないかと思われる。それでも、堤防上の商店街は結構な賑わいだったというから、なぜなのか、私の好奇心は刺激される。

■江戸川口から運河橋までの商店

堤防上に商店街があったといっても8・5キロ（北岸も南岸も）あったから、全体にわたってあったわけではない。それは江戸川口から運河橋までと、利根川寄りの水堰橋付近の2か所だった。

目立って多かったのはお茶屋、料理屋。今風に言えば料亭、割烹旅館だった。金離れのいい船乗りたちの気晴らしだから、酒と女は付き物だったろう。

筏宿《いかだやど》という筏乗り専門の宿屋もあった。竹の筏は切り旬の秋に切り、筏に組んで流して来た。栃木県から鬼怒川を下って夕方運河に着き、筏乗りは一泊して戻る。筏宿というと旅館のような感じだが、実は2間の家で、客室は1間だけだった。ここから竹は筏のまま野田へ曳かれて行った。野田はご存知醤油の街、百軒もの樽屋があったという。樽屋と桶屋は似ているけど違うが、とにかく樽屋も桶屋も竹を使った。竹の筏は流山へも曳かれて行った。女たちは曳き子と呼ばれた深井新田の女たちが、筏宿から声がかかって働いた。

「娘の頃、おばあさんたちとおしゃべりしながら筏を曳くのは、楽しかったですよ」

と、藤田つぎさん（大正6年生まれ、深井新田）から聞いた。それは昭和初期の話である。

煮汁屋《にしるや》もあって、煮汁は魚の内臓等を煮たもので田畑の肥料になったが、その匂いが強烈であった。小学生たちは煮汁屋の前を通る時は、息を止めて鼻をつまんで駆け抜けたものだった。煮汁は銚子から届いたものと思っていたら、海老原章さん（東深井）は船が止まっている向きからすると東京方面からきたと言う。それなら浦安から来たのか。

利根運河会社や窪田酒造と窪田味噌などは建物が大きかったので、堤防から離れて構えていた。酒屋の若者たちは夜遅くまで飲んでいて運河の渡しがなくなると、夏は着物を頭に乗せ、運河に入って「鞭声粛々夜《べんせいしゅくしゅく》、河を渡る〜」と詩を吟じながら悠々と戻ってきたと窪田和彦さん（昭和9年生まれ）は懐かしそうに話してくれた。その高々と詩を吟じながら帰ってきた若者たちは、新川（料亭）で飲んだらしい。

戦争が激しくなって十余二飛行場の特攻隊員たちは、沖縄戦の前線基地がある九州へ飛んだ。その送別会が新川で行われた次の朝、昨夜約束していた運河の上空で翼を振って別れの挨拶をした。新川の人たちは河畔で大きく手を振って涙で見送ったという。これは山本鉱太郎さんが聞き書きした流山の戦争悲話である。

その新川は、地図で見ると昔は窪田の対岸にあった。それが今の所へ越してきたのを安井かつさん（東深井）が見ていた。昭和16、7年頃、カグラサンでコロコロ曳いて来た。なお、新川の高台にある離れの別館は結婚式場として建てられたもので、それが昭和50年、酒井徳衛さん（西深井）の長男の結婚式場だったのでよく覚えているという。

■ロープ屋の村山金一郎さん

高瀬船にとって麻綱（ロープ）は、帆を張るにしても荷を固定するにしても欠かせないものである。明治41年生まれの村山さん（西深井）は、父の代からロープ屋だった。麻を栃木市から買い付けるのに自転車で行き、麻は通運丸で送ってもらった。

水に強いシュロは、尋ねて行って木登りして皮をはぎ取り、目方で買って来た。麻を撚り合わせてロープに仕上げる。狭い家ではできないから、土手などを利用してやる力仕事である。父の代からのお得意さんが多かった。

夏の事、村山さんの父親が昼寝をしていて、右の胸に毛が生えているのを引っ張ると、「痛い、この野郎」と叱り飛ばされた。あとで聞くと、毛が生えた所は「竿ダコ」だった。右胸に竿の先を当てて船を進めたので、タコになって毛まで生えていたのだ。そうすると、父親は初めからロープ屋ではなく初めは高瀬船の船頭をしていたらしい。その村山さんの記憶力は抜群で、大正6年8月31日の台風で家がひっくり返ってしまったのを記憶している。その時の満月が今でも目に浮かぶという。涼しい風まで記憶している。

■運河の商店はなぜ賑わったのか

冒頭に挙げた運河の堤防上の商店はなぜ賑わ

ったのか、一言でいえば、運河に船が盛んに通るようになったから栄えたのである。それでほぼ答えたことになるが、付け加えることがある。それは、台風が来れば船の仕事はできないから安全な運河へ一時避難してきた。台風をやり過ごす間、散髪をして置こう、ロープが痛んだから買い求めようとなる。台風の後も増水するから運河は航行できない。台風のため一週間も足止めを食らったこともあったようだ。

台風だけではない。しばしばあった渇水も通行止めになる。雨が降るまで待とう、しばし骨休めである。人間働くだけが生き甲斐ではない。英気も養わなければ息が詰まってしまう。船頭は景気がいいだけでなく気風《きっぷ》もいい。「宵越しの金は持たねえ」、と江戸っ子のように豪語する男が多かった。

江戸川の堤防は大正時代に本格的に改修された。伴って運河の堤防も高くなるので、堤防上の商店は立ち退きとなった。いわゆる「堤塘敷地無料使用ノ許可取リ消シ」（大正10年）である。村山さんは大正12年12月に西深井の北岸の今の所（西深井）へ移転した。貰った移転料1500円だったという。

四　斜陽化の時代と国有化

㉑ 運河が全面結氷したって本当？

手賀沼が全面結氷して沼の渡船が不通になった記録がある。江戸川は流れているから岸だけ凍るが、シガが流れてカラン、カランという氷がぶつかる音がした。「流氷」は沈床にぶつかって盛り上がって流れたと聞く。また、江戸期の安永3年（１７７４）に隅田川が凍って船の運行ができなかった記録も残る。

地球温暖化と言われる昨今と違って、戦前の冬は寒かった。私にも寒かった体験はあるが、食べ物も着るものも悪かったし、暖房設備もなかったから寒さも身に染みたのだろう。

タイトルの結論を先に言えば、運河が全面にわたって結氷したのは記録に残っている。そうなれば、高瀬船も汽船も航行中止である。実はそれよりも航行不能で困ったのは、渇水である。記録から見て、渇水は結氷よりも比較にならないほど多かったのである。

■運河の全面結氷で航行不能に

運河は明治29年からは利根川から江戸川へ流れるようになった。流れていたと言っても、両川よりも流れは緩やかだった。だから、結氷しやすかったようだ。江戸川や利根川は岸辺だけ結氷するから流心は船が通れる。運河は全面結氷してしまうから航行中止になる。

にわかには信じ難いが、江戸期には江戸川も全面結氷して人馬が通れる程だったという記録を読んだことがある。『柏市年表』には手賀沼

雪の朝の運河（写真/山本啓子氏）

が全面結氷して渡船が中止になったとある。同じ記録に、利根川の結氷の最高20センチで汽船の運航を中止したこともあった。

その原文には氷6、7寸とあるが、信じ難い数字である。いや、信用すれば馬もこれなら渡れたはず。これは明治14年2月3日、利根運河はまだできていない頃である。

ここで、運河の結氷だけに目を転じよう。大正11年1月の記録に「利根川結氷。利根運河結氷し和船の通航止まる」とあり、それは3日間に及んだ。大正12年1月3～4日の項には「利根川結氷。利根運河航行止まる」と出ている。

昭和に入っても14年1月10日には「利根運河結氷」とあり、手賀沼も印旛沼も結氷している。利根川の木下では流心を残して結氷している。この年は大変な寒波で、おまけに運河は大減水で諸船の航行止まったというから結氷と減水で泣き面に蜂だった。

■減水、増水でも運航不能に

運河会社にとっては結氷による被害は、10年に1回程だったから経営にはそれ程の打撃はない。ところが、減水の方は度々だったから、航行不能は会社の収入にとって大きな損失だった。

減水していて、水深60センチでも船を通した記録もある。60センチとはいかに小さい船でも浅すぎる。それで座礁して立ち往生したこともあったという。なぜそれでも通したかと言えば、少しでも収入を増やしたいのが商売の基本だろうが、こんなトラブルもあった。利根運河の「水位日表」を見ると、欄外にメモがある。

「前日より一層浅く（前日は八三センチ）本日は七三センチ位にして船夫より苦情を言われて実に困難せり」

係は水深が足りないからストップをかけたのだろう。船頭は「こっちは急いでいるんだ、通せっ」となったのか。「実に困難せり」から、かなり運河職員の困った様子が窺える。

昭和14の朝日新聞によると、減水のため東京から戻りの発動機船8艘、高瀬船9艘が運河の入り口で4日も立ち往生していると報じている。この船は水深1メートルあれば航行できるのに、運河の水深はそこまでなかったらしい。

通運丸が浅瀬に乗り上げる事件があった。大正12年の暮れ、東京行き通運丸が大風のため浅瀬に乗り上げてしまった。大風があっても十分な水深があれば何事もなかったのではないか。

また減水の話だが、『柏市年表』の大正5年5月1日に、「利根運河大減水、利根川口五七センチとなる」とあるから、船が航行できる深さではない。

大正5年の会社日記に「久しく汽船不通なりしに、本日より増水のため通航開始。本日東京行銚子第六号通航す」

と、通航開始で喜びの気持ちが出ている。大正5年といえば、水運も傾きかけて来ていて、会社の経営も黄信号が灯り始めた頃である。

■砂の採取で水位が下がったから

確かに運河の結氷で航行中止は何回かあった。それに対して、減水による航行不能は年間30日から40日に及んだ。日数にすると、一割近い日が収入ゼロだから経営は苦しくなったはずである。時期的にみると、渇水は冬である。厳寒の頃には毎年のように渇水に悩まされる。その頃、降雨が少ないのが原因だろう。

さて、そろそろ水運も斜陽に向かう頃、慢性的に減水に陥る出来事があった。それは関東大震災で東京の復航のために江戸川の砂が取られたことによる。

『河川と流山』によると、江戸川の砂取りで水位は約2メートル下がったという。しかし、それは戦後までを含めた記録で、運河の航行影響するのは震災後の砂取りである。震災後の砂取りでどれだけ江戸川の水位が下がったか。50センチだとすると、運河の水位が50センチ下がるから航行不能になる日が増えるだろう。もちろん、運河の川底の泥は浚渫船で浚ったようだが、少し浚った位では運河と江戸川の水位差は埋められたものではない。

漁師の奥木利一さん（昭和5年生まれ）は、サッパ舟に乗って鋤簾で砂をすくうのを仕事にしていた。碇を下して一か所で砂を取っても、そこへ砂は流れてくるのを掬い取る力仕事だった。それも金町までで、それから下流は塩分があって使い物にならない。そんな砂取りも昭和34年に禁止になってしまった。川底の下がりが問題になったから。川底は上がっても困るし、下がってもまた困ったようである。

とにかく、運河は結氷しても通行停止、減水しても、増水しても、運河の入り口まで来た船を通せんぼしなければならない。

㉒運河にも水先案内人はいたか

江戸川の葛飾橋は明治44年に架けられると、大きな高瀬船は帆柱が橋にぶつかるので（上りの場合）、手早く倒して元に戻す作業をするのだが、もたもたしていたら船は流されてしまう。その助っ人を「助け舟」と金町で聞いていたが、松戸の渡辺幸三郎さんはそれを「乗越師《のっこし》」と呼んでいたと『松戸の昭和史』は述べる。

また、関宿の棒出しには乗り廻しという人がいたという。何しろ棒出しで流れを狭めているから、急流になるので船の難所になる。それで、船をウインチで巻き上げたと言われる。このように船を安全に航行できるように手助けするのが、乗り廻しだった。このような乗り廻しは港湾では水先案内人と呼んでいて、（空港では言えば管制官だが）関宿のような助っ人は運河にもいたのかどうか。

■関宿の助っ人、乗り回しは数十人

関宿の棒出しは利根川から江戸川へ分流するところで、多く流れないように杭（棒）を打ちこんだり、後には石垣を築いたりした。田中正造は「この棒出しを取り払えば渡良瀬遊水地はつくる必要ない」と主張したが、足尾銅山の鉱毒が東京へ流れ込むのを恐れて、ここで防ごうとしたと言われている。

棒出しで狭めれば流れ込む水は少なくなるが、水は狭い所へ殺到するから流れは急流になる。急流は船にとって危険極まりない。そこを安全に乗り切るための助っ人、乗り廻しの登場である。つまり、棒出しは狭窄部なので急流になり、船は流されたり転覆したりする。そこで助っ人がここには数十人も待機していたとか、25人もいたという記録もある。助っ人の仕事は、船を巻き上げ機（ウインチ）で引き上げたのである。

家を曳き家する時のカグラサンで引き揚げたという。船が棒出しにさしかかると、船1艘に乗越師が5～6人ついて引き上げるのを助けたという。

『関宿志』は「のっこし」と呼んでいたというから、葛飾橋と同じである。彼らは料金をとり、税金を納めていたという。船乗りたちにとっても、なくてはならない職業だったようだ。関宿の乗越師について少し詳し過ぎると感じた方もあったろうか。運河の水先案内については細かな記述が多くないので、関宿で助っ人の仕事をつかんで置きたかったのである。このような関宿の乗越師が、運河の江戸川口の乗り廻しに分かれてきたのだろう。素人がにわかにできる仕事とは思えないからである。

■運河江戸川口の助っ人は乗り廻し

関宿では、乗り廻しや乗越師と呼ばれていた。運河ではどうかというと、私の知る限りでは乗り廻しである。江戸川口の乗り廻しについて述べよう。乗り廻しは筏に乗って誘導したと『ふるさと流山のあゆみ』に出ている。すると、関宿の助っ人とはかなり違う。また、昼間平吉さん（深井新田、明治40年生まれ）は、

「江戸川の出口にはキリッポがあって、杭を打って粗朶《そだ》を押し込んで割栗《わりぐり》（石）入れてある。それは護岸のためだが、流れをよくするもの。そのキリッポに船をぶっつけたら間違いなく沈没だもんね。乗り回しは船頭あがりの年寄りだった。小屋に5～6人いて小舟で出て行ったよ。危ないから、介錯《かいしゃく》したんだよ」

と話す。介錯とは物騒な話だが、辞書をひくと切腹の介錯の他に「付き添って世話をする人」ともある。村山金一郎さん（西深井、明治41年生まれ）は明快に述べる。

「運河の川口は狭いから急流なの。だから乗り廻しという人がいて、小さい舟で2～3人で乗

り付けて、運河へ簡単に入れちゃうの」

昼間さんと村山さんの話を合わせると、乗り廻しの仕事がほぼ理解できる。

江戸川出口はなぜ船の難所だったのか。それは江戸川からの入り口にはキリッポ（クリップ）があり、運河の入り口は狭窄部になっているから。また、江戸川と運河は直角になっていて、震災後は江戸川の砂取りで約50センチも水位が下がったことも挙げられる。その落差が急流を生んだようだ。

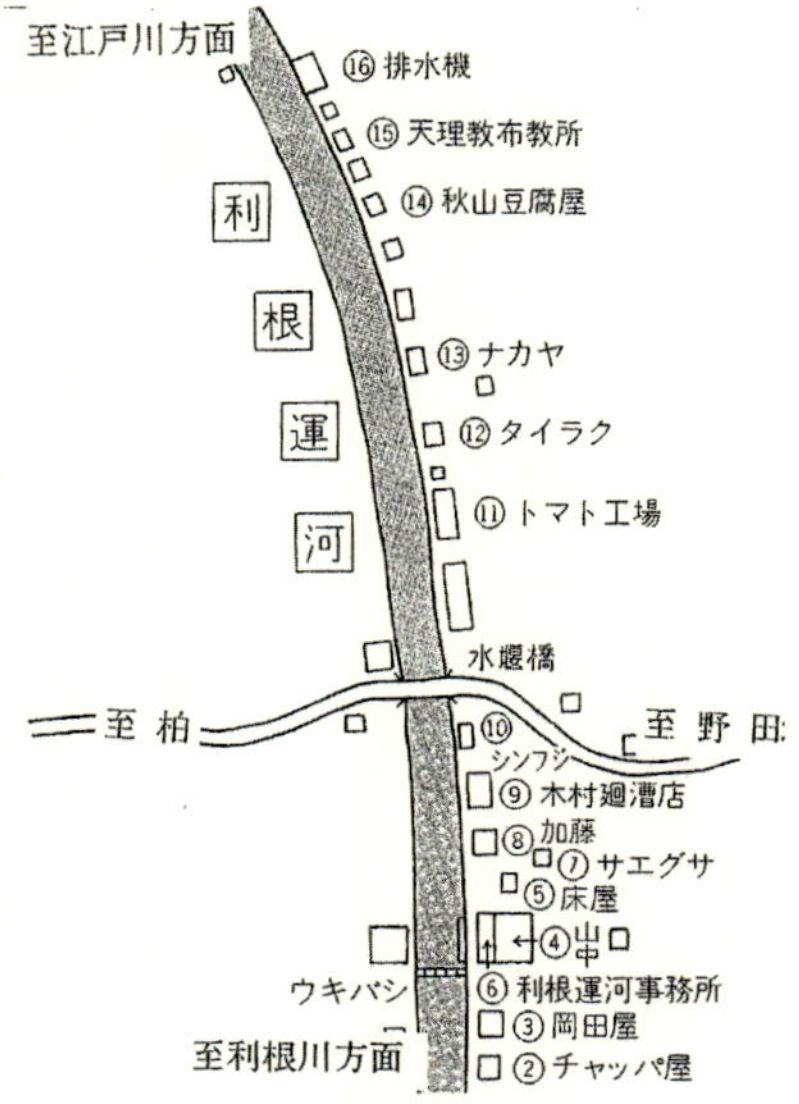

水堰橋付近の店
（『野田市民俗調査報告書２』より

ところで、乗り廻しはどこに住んでいたか。運河口近くだったことは見当がつくが、村山さんの地図で見ると、蓮見さんがそれらしい。蓮見さんが乗り廻しの人を雇っていた。いまでもオカシラという屋号だという。こう見てくると、関宿の江戸川口と運河の江戸川口を比べると関宿の方が運河よりも難所であったように思われる。

■利根川口には乗り回しはあったのか

整理すると、運河から江戸川へ出るのは問題ないが、江戸川から運河へ入るのが難所だったから助け船が必要になった。反対に利根川口では出るのはスムースだが、入る時が難しかったようだ。

ところで、乗越しは利根川口にもいたのかどうか。田中村船戸の石塚儀左衛門が「利根川口水先案内業御許可願」を明治39年に運河会社へ出している。この許可は下りたかどうか判然としないが、『柏市史』に次のような記述がある。「かつて水堰橋付近にあった大堀屋と中屋という商店では、運河を通る船の依頼を受けて主人が頻繁に水先案内をしていたとの話がある」

また、水堰橋の西北岸に中屋という店があって、運河に入って来る船の水先案内をしていたという話は先の『柏市史』の記述と重なる。

まとめると、水先案内人は乗り廻し、乗越師とか呼ばれたようだが、所により、時代によって違ったようである。いずれにしても、水運が盛んだった頃の職業だったと言える。利根運河は残り、江戸川も利根川も昔のままだが、こんな職業はすっかり消えてなくなってしまった。

㉓ 運河橋は吊り橋か釣り橋か

利根運河には現在、橋が何本もかかっているが、昔はどんな橋だったのか。水堰橋という名の橋があるけれど、今の橋に水堰はなく普通の橋である。また、昔は運河に渡し舟があったようだ。今、渡し舟があれば、北海道《きたかいどう》（東深井）の小学生も通学が楽になるだろうと思う。

高橋洋さん（東深井）は運河を大人も子供もサッパ舟で越えて、窪田味噌のテレビを見せて貰った記憶がある。運河橋を渡ってもさほど遠回りにはならないのに。わざわざサッパ舟に乗ってプロレスを見に行った。それは貰い風呂ならぬ、貰いテレビだった。サッパ舟で貰いテレビとは風流なことであった。

ところで、タイトルの初代の運河橋は吊り橋か、釣り橋かも考察してみよう。

■今、運河にどんな橋が架かっているか

現在ある橋を地図でたどってみる。西から深井新田橋、運河大橋（松戸、野田有料道路だっ

た）西深井歩道橋、運河水辺公園の浮き橋二本、流山街道の運河橋、東武線の運河鉄橋、ふれあい橋。そこまでは、かなりマメに橋があるが、ここから東はまばらになる。国道16号の柏大橋、市立柏高校近くの山高野歩道橋、我孫子関宿線の水堰橋。さらに東に橋の機能も備えた運河水門、最後の揚水場で利根川と運河を遮断している。

だから、近年利根川の水をここからポンプアップして運河へ流しているが、まだ運河の浄化には至っていない。国交省にお願いしたい、利根川の水をもっと多く揚水して頂きたい。運河の水質浄化を図って頂きたい。

橋は人間だけを渡すのではない。西深井歩道橋は運河北岸の人たちの水道管も渡している。ふれあい橋は北海道等、運河北岸への水道水も渡している。

私は運河を江戸川から利根川までを歩いたことがある。とくに利根川口（揚水場から東）は素晴らしい風景である。水がたっぷりとあって、運河全盛時代にタイムスリップしたようで、感動したのが忘れられない。そんな昔の運河に、あなたも会いに行って欲しい。運河は昔日の姿のままで静かに待っているだろうが、草を踏み分けて行くしかないし、ある所では藪漕《やぶこ》ぎをするかも知れない。

■渡船、浮き橋で運河を渡る

水堰橋は今回は省いて、後に取り上げること

〈運河橋三代〉

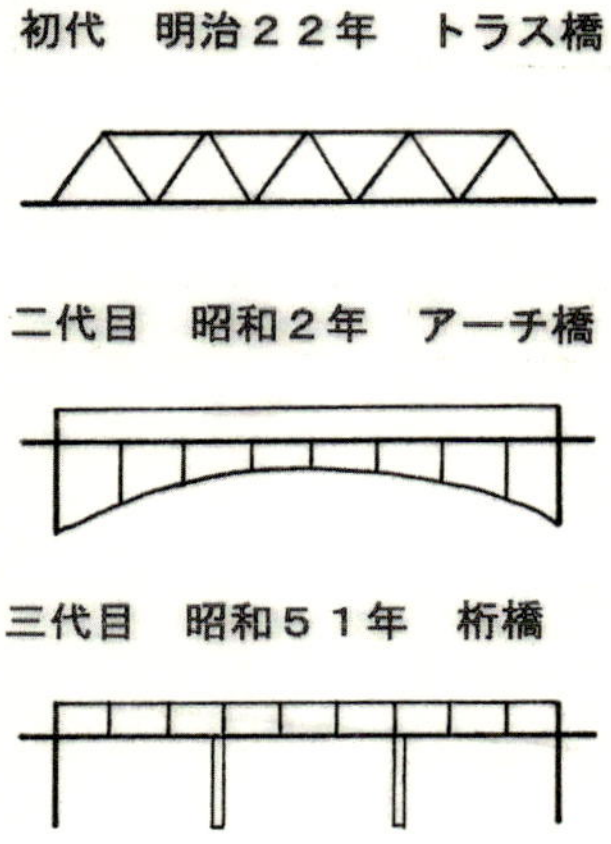

にする。一番西の橋が深井新田橋。この橋のたもとに運河河口公園がある。この橋は昭和10年頃に流されて、「線路橋」と呼ばれた橋に架け替えられた。橋脚がレールを曲げて造ったものだから、線路橋と呼ばれて親しまれていた。その線路橋も、新しい今の橋になっている。

運河の渡船は西深井、大青田、山高野、船戸の4か所あった。『流山市史　新川村関係文書』によると6か所という記録もあるから、時代によって違ったのだろう。大正5年までは渡船料はすべて無料でやってきたが、客が増えたので有料となった。が、当村の者は従来通り無料であったという。

話は替わって運河の浮き橋は現在も二本あるが、昔の浮き橋は平べったい箱を浮かせた舟で、それを3枚浮かべる。箱の真ん中を歩かないと不安定で揺れる。自転車も渡れたが、牛馬は重いから無理だった。その浮き橋は箱を水面一杯に並べるから、船は通れない。船を通すときは、真ん中の箱を繋いである金具の片方をはずすと船が通れる仕組みだった。

昭和16年の洪水で水堰橋が壊されると、そのあとに浮き橋が架けられた。戦中ではあり、橋を架けるのは費用が大変だが、浮き橋なら安くできたのだろう。

■吊り橋か釣り橋か　交通量が多い運河橋

現在の運河橋は3代目。初代は明治23年とする人もいるが、運河の完成は23年でも開削工事は22年に始まっているから、その工事前に架けられたと思う。地元の人はツリ橋と呼んでいた。それが吊り橋なのか魚釣り橋なのか、書かれたのには吊り橋も釣り橋もあるが、写真ではどう見ても吊り橋には見えない。『東葛飾郡誌』（大正12年刊）は「吊橋」としているが、初代の橋はトラス橋である。

この初代の橋には名前が書いてなかったよう

だ。だから「郷人これを称して運河の釣橋となす」（『流山市史』の利根運河史）というような表現になったのだろう。正式の名称はなく、通称が通っていたのかと思う。釣りする人が多かったので、（魚）釣り橋となったらしい。

広辞苑でみると「つりばし」は吊り橋、釣り橋とあるから二つは同じであるが、魚釣りの釣りではない（お寺の鐘は吊鐘ではなく釣鐘）。だから、初代の橋は「魚釣り橋」の意味なのだろう。この橋は昭和7年に架け替えられて、アーチ型の運河橋になった。これはアーチ橋でも「逆ランガー桁橋《けたはし》」である。

その前年（昭和6年）に「橋名に関する陳情書」を新川村長が千葉県知事に出している。ここでは「近隣市町村民は運河釣橋ト称シ」ていて、それは「多年の習慣語とも相成リ居リ候」とも述べている。この表現にも正式名称はなかった感じである。それに続けて、架け替えを機会に「運河橋」としたいという陳情である。この陳情は認められて運河橋は広く一般に知られるようになる。3代目運河橋は昭和51年3月に竣工して、古い「利根運河釣橋取り壊し」は4月行われている。これで、2代目も（魚）釣り橋と呼ばれたことが分かる。現在魚を釣る人は少ないから（魚）釣り橋と呼ぶ人は誰もいない。それは橋柱に「運河橋」という名札を下げているからか。

また、平成8年に歩行者専用のふれあい橋が開通した。これはアーチ型吊り橋である。運河橋は交通量が多いので、ふれあい橋が架けられたのだろう。

江戸初期に日光東往還が開かれ、大正期には橋付近は県道にもなり、現在は流山街道と呼ばれている道路で、そこに架かるのが運河橋である。

㉔ 運河をどんな船が通ったか

利根運河は、船によって物と人とが行き交う交差点だった。日本が欧米に習って近代化を急いだ時期に、その発展を強力に支えてきたのが利根運河だった。利根運河は日本一ではないと聞いたことがあるが、確かに長さだけならここより長い運河は日本にもある。だが、どれだけ産業や文化の発展に貢献したかとなると、利根運河はひときわ光っている。なにしろ、東北・東関東と首都東京を結ぶ大動脈だったのだから。

時あたかも、利根運河の時代は日本の近代化のど真ん中であった。利根運河も働き甲斐があったのではないか。だが、時代としては徐々に船から鉄道・トラックへと移って行く。つまり、利根運河は水運の全盛時代も衰退期も体験し、その終焉までもちゃんと見届けたのである。そ

江戸川の浮橋 （山本鉱太郎氏蔵）

んなことで、運河を通過する船は何を運んでいたか。それはどんな船だったか。

■東京へ何を積んで行ったか

運河は右側航行だった。ただし、船がもやっている所は真ん中通航になった。航行は日の出から日の入りまで、速さは時速5・4キロだから速歩並み。汽船が運航許可になったのは、営業開始3年後の26年4月から。それは、汽船の波でまだ固まっていない岸壁を崩す恐れがあったからである。

船は効率的に物を運べる。人は米を1俵、馬は2俵だが、船は高瀬船の平均で600俵運べる。東京へ運んだのは何といっても米が多く、利根運河の時代は日本経済の中で米の占める割合は高い時代だった。米の他には薪炭や木材、水産物等である。酒、醤油、ミリンも少なくなかった。

このように、東京の経済は船で運ばれた物で成り立っていたといっても過言ではないが、早く運べる鉄道やトラックに荷を奪われて、かさ張る物、例えばムシロ、縄、藁などがもっぱら船で運ばれるようになって行く。

また、暮れには門松も船で東京へ運ばれた。流山、東葛からも多く運ばれて、ギャラリー平左衛門の山田家も船を雇って東京へ運んだ時期があったという。門松を積んだ船の数は300艘も運河を通ったとも言われていたが、昭和2年には大正天皇の崩御によって門松飾りは自粛となり、暮れに当てにしていた利根運河の通行料は吹っ飛んで大幅な減収となってしまった。

窪田酒造（山崎）の窪田和彦さんは少年の日を思い出す。家の前の土手で船を見ていると、家族は何人だ?と聞かれた。働く人もいたから「15人」と言うと、それだけのイワシを投げてくれた。銚子から東京へ向かう船は多かったが、運河にものんびりした雰囲気が漂っていた。

反対に東京から地方へ利根運河を通過する船は日用雑貨品、肥料、木材、石炭、空き樽等であった。東京への荷は満載だったが、東京からの船の積載量はどちらかと言えば少なかった。

■どんな船が運河を通ったか

さまざまな形の船が運河を通過した。大きい船も小さい舟も通ったし、和船も汽船もあった。分類すると和船、汽船、発動機船、筏となる。和船の代表的な船は高瀬船で、これは数も多く、ゆっくりと流れに乗って走ったり曳き船をしたり、帆を揚げて風を利用して走航したりした。『高瀬船』の渡辺貢二さんは、利根川水系の和船はおおむね高瀬船と呼んでいいと述べている。呼び名は違っても、違いは大きいか、小さいかであるらしい。

房丁船も高瀬船と同じように帆を揚げて風力を利用して運航したが、のちには発動機船によって曳航されて移動するようになる。小回り船は文字通り小さい船で櫓を使い、帆も使って航行した。小回り船なら夫婦で乗れたし、急ぎの荷物ならすぐ船を出せた。大型の高瀬船なら、1200俵が集まるまで待たなければならないけれども。

キッコーマンの万寿丸は醤油を積んでポン、ポンという威勢のいい音を立てて景気よく走った。白帆を揚げてスーッと滑るように走る高瀬船は優雅だが、万寿丸のスピードも見ていて爽快だった。川蒸気は、運河開通後は東京〜銚子の定期航路として旅客はもちろん貨物も輸送した。他に東京〜笹良橋の上川航路もあった。川蒸気通運丸などは文明開化の代表格であったが、大正末頃には早くも姿を消したようである。

運河の土手で春の草摘みをしていると、すぐそばを通運丸がボーッと汽笛を鳴らして通る。子供たちが摘み草の手を休めて手を振ると、乗客も盛んにハンカチや帽子を振ってくれた。また、運河は正月の凧揚げの場所だった。やっと揚がった凧を自慢げに見上げていると、煮汁船(肥料)が近づいて来ると臭いので、鼻をつまんで場所を替えることもあったという。

■水運は斜陽化し運河はすたれる

運河を通る船は帆走したか。写真に残っているから帆は揚げたが、数は少なかったろう。なぜなら、運河は両側に東西に延びる堤防があったから、堤防が壁になって南風も北風も通らない。それでも、西風や東風なら帆走は可能だったが、運河の現役時代は現在の堤防の高さ半分程度だから、今よりも風は通ったはずである。西風なら銚子行きは帆を使えても、東京行きは曳き船になる。

運河の流れはゆったりだから、下り(東京行き)にしても曳き船をしたらしい。親子なら子は船曳き道から曳き、親は櫓で舵をとりながら船を進める。船戸(柏市)には、5~6人の曳き船を業とする者がいたという。それは農家の夫人の手間仕事《てましごと》であったようだ。

ところで、利根運河は船を百万艘通した、96万艘通したと言われる。それは、運河の創始者のひとりだった広瀬誠一郎の計画の約半数だったともいう。それでも、開設翌年の明治24年は1日平均百艘も利用したというから盛況だった様子が窺える。

和船や筏は明治がピークで、その後は減り続ける。汽船もその後を追うように減って行く。つまりは、和船も筏も汽船も増えることはなく減る一方になる。こうして、水運の斜陽化によって運河も徐々にさびれる。それは変化する時代の流れであった。

㉕ 運河に閘門はあったか

利根川中流には利根大堰があり、河口には河口堰もある。それら堰というのは、川を堰止めたものだろう。関宿の江戸川口に昔は棒出しがあって流量を制限していたが、今は水閘門《すいこうもん》ができていて、それは水門と閘門を合わせたもの。堰は堰止めていて一定流量を超えると堰の上から溢れ流して調節する。水門は門を開け閉めして流したり、止めたりする。閘門の働きは二つあって、①水面を一定に保つ水量調節の堰と、②閘門運河を指し、パナマ運河のような装置を持つものを意味するようだ。

広辞苑にも水堰はないので、水門と同じと解釈しよう。だから、水堰橋は水門であり橋でもあり、二つの機能を持つもののようである。では、運河にパナマ運河のような装置はあったのか、なかったのか。

■水堰橋は洪水で破壊される

利根運河年表を見ると、明治22年以降に水堰を造ったようである（『利根運河三十六景』は23年にできたとしている）。ムルデルは「余ハ該運河ニ閘門ヲ設置スルヲ要セズト信ス」と閘門を必要としないとした。が、水門（水堰は）必要としたのだろう。しかし、その水堰はすこぶる旧式だったため明治29年の洪水で欠壊して、江戸川右岸（埼玉側）の堤防を破壊してしまって、東京にまで水害が及んでしまった。

東京まで水害があれば、それだけで土木政策の失態になるので、内務省としては気を遣う。そうならないよう、運河会社としても水堰の補強工事に力を入れてきた。大正4年の水堰の写真を見ると、橋のたもとの左右にクレーンが設置されている。これで重い厚板の堰板を下したり上げたりした。

これは水堰（水門）だから、洪水の時は利根川から入って来る水量を調節した。でも水門を閉めていて、水が運河から溢れたら大変だから長く閉めてはいられないし、普段は水門を開けて置いて船を通す。

大正5年2月9日の会社日記によると、「午前八時水堰を閉めたるため水量五・八メートルに達し、午後四時水堰を開けると一七センチほど減水す」と出ている。水堰を閉めたのは、この年で初めてだった。

大正10年、この橋は水堰橋として架け替えられた。今までの水堰の他に橋の役目もするようになった。ところが、この水堰橋は昭和16年の大洪水で破壊されてしまった。レンガ造りの水堰橋が倒壊する前には、付近に避難命令が出たというし、倒壊したときは大音響がしたというから大きな事件だった。

2代目の水堰橋は壊されて、その後は浮き橋ができたという。3代目の橋は、写真で見ると水堰はない。木造の橋で戦中にできたのだろう。

4代目の現在の橋は昭和51年にできた。名前は昔の水堰橋だが、堰はなくて利根川口に運河水門ができている。

■江戸川口は水門か閘門か

運河の江戸川口の付け替え計画があったと地元で聞いた。運河は直角に江戸川へ流れ込んでいるが、それを南へ曲げれば、洪水で江戸川右岸の堤防を決壊させることは無くなる。戦後のことだが土地買収までしたのに、何故か頓挫したようだ。

さて、北野道彦さんは『利根運河』で江戸川口の水門にふれている。これに対して『利根運河の120年』は同じ写真で閘門と解説している。

「昭和20年から23年にかけて設置された閘門は49年に取り壊された」と年代も具体的に述べている。『懐かしの流山』ではそれを仮閘門としていて、水門は2門あるように見える。運河江戸川口の閘門は水門、閘門、仮閘門の他に仮水堰、関門と記録されている。これでは水門なの

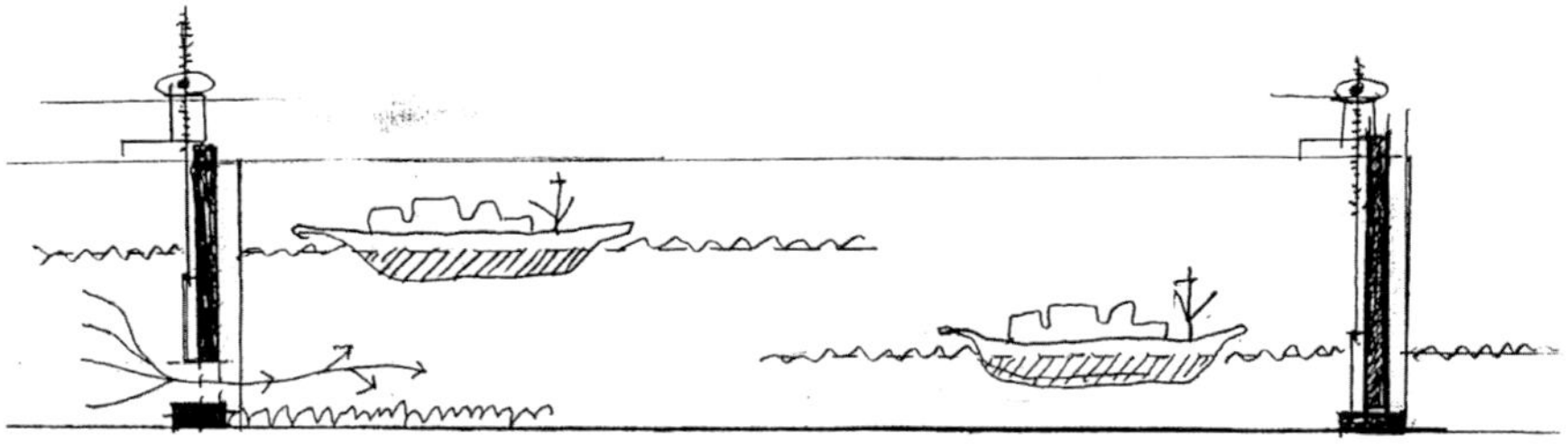

**運河・江戸川口の仮閘門
（イラスト／昼間三郎氏）**

か閘門なのか。しかも、何のための閘門なのかは明確には触れているものはない。

この水門の跡は今も残っているというので、深井新田の昼間三郎さん、宮崎洋典さんに案内して頂いた。

「中学の頃、ここで泳いだんですよ。両岸は傾斜があるけど、ちょうどプール位の大きさで、底はグリ（石）だった。深さは三メートル位、水は綺麗だった」

二人は泳ぎ仲間でもあった。長さは昼間さんが30メートル、宮崎さんは50メートルと言うので、調べると中間の40メートルだった。昼間さんはその構造図まで書いてくれた。水門の上には通路もあったから、小学校へ行くのに通路を橋として使った。深井新田橋（通称線路橋）より近道だったから。

2人ともこれはパナマ運河と同じ方式と言うから、運河閘門である。運河の堤防改修工事用の船を通す閘門だったか。それで仮閘門なのか。江戸川と運河の水位差が2〜3メートルあったので閘門が必要だったのだろう。水門番は細井さんという建設省の職員で、今でも深井新田に住んでいるという。

■運河の川底の浚渫を

現在は利根川の水は運河へ流れ込まない。利根川と運河の水位差が4メートル程あるからである。だから、ポンプアップしている。それをパナマ運河方式で水位差をなくするのは面白いが、予算が大きくなりそう。災害時に船を通す（スポーツやレジャー用の船も）となれば、運河はそれだけで生き返るけれど。それよりも実現性が高いのは、運河の川底を浚うことだろう。約4メートルの水位差をなくすれば利根川と江戸川は運河で直接結ばれ、これで運河は運河会社時代に戻ることになる。

㉖ 竹の筏はどこから来たか

筏と言えば、連続テレビ小説「おしん」が奉公に出る切ない筏のシーンを思い出す。あれは「おしん」を乗せるための筏ではなく、筏流しに便乗させてもらったのだろう。木材の筏だったが、筏の字は竹冠だから、元々は竹の筏で後に木材の筏にも使うようになったのか。

竹材は野田、流山ではなくてはならない物だった。野田の醤油樽、流山のミリン樽、酒樽、醤油樽のタガとして。野田には樽屋が百軒もあって、桶屋よりも樽屋はプライドが高かったという。

私は少年の頃、筏乗りが川岸で組み立てるのを見ている。山からフジヅルを取ってきて、筏乗りに売る人もいて、そのフジヅルは水に強いと聞いた。筏乗りは、次の日の早朝に出発した

筏流し　（イラスト／岡村純好氏）

らしい。

■筏の上荷は初めは無料だったが

筏流しは筏師とも呼ばれて、上中流から出発して下流へ流して行く。筏師は1人後ろに乗って櫓板で舵を取ったようだ。筏にはコンロが載っていて、お茶を沸かしたりご飯を炊いたりできるようになっていた。だが、高瀬船のような部屋（セジ）があった訳ではない。昼は、ひたすら流すから、雨や風は平気だったか。いや、雨が降ってきたら蓑を着たのだろう。昼食は、時間が惜しいから筏を流しながら食べたのではないか。そうなると、お握りが食べやすいし、お茶は茶碗に継がないで土瓶から口飲みしたかと私は想像する。

筏の上に炭俵や薪の束がちょこんと載せてある。炭俵にして10俵程を、バランスよく置く。これも私の想像だが、恐らく筏師のホマチだったのか。本業は筏流しで、副収入が炭や薪の運

筏を曳いて運河から野田へ
（イメージ写真/藤田つぎ氏）

搬料だったのかも知れない。利根運河を通る時、筏の上荷は初めは無料で通ったが、もちろん筏の通行料は払った。明治34年から、木炭1俵につきいくらかを会社へ支払うようになった。大正6年の営業報告を見ると、「筏の枚数も筏上荷も前年より増加した」という。舟運は下降線をたどっているのに、筏の収入は増加していると会社は喜んでいる。

■栃木の竹は鬼怒川を下って

竹の切り時は秋で、それを間違えると虫が付いて使い物にならない。だから、筏流しは秋から冬にかけての寒い時期が忙しくなる。竹は埼玉や千葉よりも栃木の方が良質である。そのうえ、輸送を考慮すると鬼怒川沿岸の竹となる。茨城では川島、小川、栃木では柳林、石法寺、宝積寺等の産地から来る。鬼怒川から利根川に入り、運河へ流してきた。

『鬼怒川、小貝川の舟運再発見』では、鬼怒川の筏は竹だけではない。木材も今市の小林河岸は木材専門の河岸だった。木材も利根運河を通って深川木場へ流して行った。重くてかさ張る木材の輸送は筏流しが最適だったという。このように筏に組まれた木材は丸太に限られて、製板された角材や板は船積みされたり、トラックに積まれたりして輸送された。

筏が運河を通った最盛期は明治29年で、これは1日平均すると5～6枚になる。また、筏の上荷が最も多かったのは同40年という。このピークは、運河の最盛期よりかなり遅れている。

運河を含めた利根川系の水運が衰退を余儀なくされたが、関東大震災によって鉄道が不通となり、やむをえず舟運に頼った時期があった。その復興のための筏が多く運河を利用した訳で、営業報告は、「筏の多かりしは実に運河開通以来の新記録」と書き残している。でも、それは復旧のための通船であって、一時的な好景気に終わってしまったのである。

その筏の通航料は何度か値上げもあったが、明治43年の記録では1枚2円50銭で、筏の上荷は炭も薪も1俵（束）2厘だった。これは炭10俵で2銭だから会社にとっては馬鹿にできない収入だったに違いない。

さて、筏流しを唄った珍しい筏節が栃木や茨城に残っていた。

〽筏出てゆく　女房は送る
　まめで行って来いと目に涙
嫌だ嫌だよ筏の小屋は
　大黒柱に藤のつる
口の悪いのは土方に船頭
　それに続くが筏乗り

唄に「筏小屋」が出てくる。それは筏の真ん中にあったそうだ。竹で囲った雨風除け、そこで寝たという。もちろん、夜は流しを止める。一日の行程だったら、もちろん小屋はいらない。高瀬船のセジは船の一部だが、筏の小屋は一泊する場合の簡単な寝小屋だった。

筏は他の船よりも最盛期が遅れていたのはすでに述べたが、筏は義理堅く昭和16年の運河の終わりまで、数は少なくなったが利根運河を利用した。その意味で筏は運河を通る船の中でも特異な存在であった。

■筏はそのまま野田、流山へ

藤田つぎさん（大正6年生まれ、深井新田）から貴重な体験をうかがった。藤田さんは竹の筏を野田まで曳き舟した方である。筏師は、利根運河まで流して来て筏宿（丸木さん）で泊まる。ここは旅館ではなく、堤防上の店で一部屋が提供される。その筏宿から声がかかると藤田さんたちの出番である。

「嬉しかったですね。お金にはなるし、私は娘だったけど、お年寄りたちとおしゃべりしながらだったから楽しかった」

もっぱら、野田へ筏を曳いた。筏から20メートルのロープに連尺という綱を肩にかけて、前傾姿勢で綱を曳く。4人だから重いことはない。「筏からの一本の綱を腕組みして体を前に倒して曳く。大事な事は4人が足を揃えないとだめ。土手の上から曳きました」

藤田さんは並みはずれの記憶力で語る。でも、今はこんな体験を聞くことはできなくなってしまった。

利根運河が開通する前の竹の筏はどこを通ったのか。鬼怒川を下るのは楽だが、利根川を遡って関宿まわり江戸川へ出るのは難しい。筏流しと呼ばれるように下り専門の船だから。筏は利根川の瀬戸河岸が終着で、そこからは馬で野田の樽屋へ運ばれた。その意味で、利根運河は筏師たちにとっても歓迎されていたルートだったのである。

㉗ 運河でも船唄が聞けたか

ボーツ、ボーツと通運丸の汽笛が運河に響くと、銚子からの船か、東京からの船かと旅愁が漂う。運河べりの人たちは「川蒸気」とは言わず、「蒸気」と呼んで親しんだ。一方、高瀬船が帆に風をはらんで滑るように通る。船にオムツが干してあったりすると、若夫婦の睦まじい生活まで想像できる。銚子へ行く船と東京へ行

く船が運河で交差する。顔見知りだったら船頭たちは、

「やあ元気か、一杯やるか」

「おお、そのうちな」

等とあいさつを交わすのも運河ならではの光景。江戸川や利根川では声を掛け合うにも遠すぎる。それは運河橋から眺めていても、飽きることのない光景である。

『下総の唄歌』には、帆を掛けた高瀬船から「〽船は千来る万来るなかで積んだ荷物は高瀬船」という唄が聞こえて来たと出ている。運河橋でも聞こえたのではないだろうか。

■運河べりで歌われたわらべ唄

運河駅前の川口屋の相川きくさん（明治35年生まれ）が歌った「運河名所の唄」は数え唄のように、運河の名所を四つ挙げている。が、その続きがあったのかも知れない。これは「どんどん節」の調子で歌われた。

〽運河名所を知らない方にゃ私が教えてあげましょう　一に運河の大師様　二つにブドウ公園で　三に土手なる料理店　桜並木に泊まり船　どんどん

次は子守唄で、親子が向き合って座り、手を取り合って「ぎっちら、ぎっちら」と声を出して櫓を漕ぐ格好（前後に揺らす）をしながら歌う。

〽かいこうまんま　お船が通る　なに積んで通る　お米を積んで通る　ぎっちら　ぎっちら

「かいこう、まんま」は蚕と御飯と解釈したり、可愛い子と水の幼児語とする説もあって、わらべ唄は「かごめかごめ」にしても解釈が難しい言葉が並ぶ。この歌は運河沿いばかりでなく、他でも歌われた親子のスキンシップの遊びである。

立教大学から新川へ贈られたオールのミュニチュア
（写真／小名木紀子氏）

■大学のボート部　遠漕で運河へ

旧制一高の寮歌で、流山、運河が出てくる数え歌がある。続けて、遠漕歌《えんそうか》に流山や運河口も歌われる。

〽七つと出たわいなよさホイノホイ　涙流すな流山ホイ　ノストップで運河まで　ホイノホイ

〽運河にわめく舵の声　江戸の流に浮びては
雲のひばりを友として　舌鼓うつ昼餉かな

〽流も早き古利根川　漕ぐ手休めぬ運漕に
涙ながすな流山　霞の奥に運河口

「古利根川」は江戸川を指しているらしい。2つとも「涙流すな流山」と歌うが、詞には学生たちの伝承が感じられる。詩人が紙に書いたのではなく、ボートを漕ぎながら出た言葉を連想できる。

〽堤の桜　吹雪して　紅の頬を掠めては　オール持つ手の　たゆまるる　二里八丁の風情かな

これは旧制一高の遠漕歌の一節で、情緒ただよう歌詞となっている。「二里八丁」は運河の長さを歌ったのだろう。

古城《こじょう》庸夫《やすお》（江戸川大学准教授）の講演によると、旧制高校や大学のボート部は明治36年から運河方面に遠漕しているという。また、昭和35年の東大全学遠漕会には90名の学生が参加したというから運河も華やいだに違いない。

ボート部の定宿は流山の山崎旅館、柳家、運河では新川だった。新川の石井綾子さん（大正10年生まれ）によると、各大学のボート部は新川を最初の宿とし、銚子まで行って帰りも新川へ泊まった。ただ、運河の水門は閉まっているので、ボートはトラックで運んでいた。各大学とも年2回来ていて、最後は立教大学が平成20年頃まで宿泊していた。新川には立教大からお礼として贈られたオールの置物が飾られていたが、現在は利根運河交流館にある。学生たちにとっては、江戸川や利根川で練習して、疲れを癒した新川は忘れられない思い出になっているようだ。

■高瀬船の船唄が運河に響く

銚子の有名な民謡である大漁節は数え歌で、利根川高瀬船も歌う。

〽七つとせ　名高き利根川高瀬船　粕や油を
　積み送る　この大漁節

この民謡はプロの歌手が舞台で唄う洗練された芸であるから、先のわらべ唄や遠漕歌とは違った趣がある。船唄は船頭たちが汗を流しながら労働の中で歌うもの。男気も粋も唄うが、色気も好む。

〽今上習いの投げ盃を　受けずになるまい
　義理として

〽今上土手から大蛇がでても
　運河通いはやめられぬ

〽来たか万寿丸　待ち受けました
　晩にゃ遅くもきておくれ

〽今上あたりは櫓を押しながら
　唄い流して松戸まで

〽松戸松戸と急いで漕げど
　いなさ南で　櫓がきかぬ

〽運河あたりは　帆がちらちらと
　あれは確かに主の船

〽とら屋お夏は碇か綱か
　上り下りの船止める

右の7つは『野田の歴史』から転載した。「投げ盃」は盃のやり取りを投げる風習。「万寿丸」はキッコーマン専用の醤油を運ぶ船。「松戸」には遊郭があって船頭たちの憩いの場所だった。「お夏」は美人だったのか、それとも気立てがよかったのか。

ところで、船唄は歌詞も節も素朴なもの。それでも船頭にも喉のいいのがいて、誰かに聞かせようとしたのではないが、運河のほとりを歩く人が思わず立ち止まって聞き惚れるような舟唄が水面を流れる。そんなシーンがあったと、お年寄りたち懐かしそうに語る。

㉘ 高瀬の夫婦船はいつから？

海には兄弟船も親子船もあり、川には夫婦船《めおとぶね》もあった。船には「女は乗せない」とも言われたのが、いつから乗せるようになったのか。野口雨情の船頭小唄は大正10年に発表され、一世を風靡した。この船、私は高瀬船と見当を付け、夫婦船とひそかに断定する。

〽俺は河原の枯れ芒　同じお前も枯れ芒

と、決して女房を見下してはいないところに注目したい。2人っきりで船を進めるのだから、力をあわせないとやっていけない渡世なのだ。利根川の高瀬船は、江戸川に入って東京通いをする。この船頭小唄の夫婦船も、利根運河も度々通ったに違いないと私の想像はふくらむ。

なお、この唄は初めから終わりまで哀愁、やるせなさが漂う。それは、大正10年という舟運が斜陽化している時代と無関係ではないだろう。

■小商い舟が寄って来る

舟に米、味噌、醤油は家を出る時に積めるが、野菜は2～3日分しか積めない。だから、佐原や銚子からの船は、運河に船を止めて野菜を買いに出る。が、もやう船が多い江戸川口や利根

通運丸と夫婦船 （イラスト／おのつよし氏）

川口はとめて置けない。山高野の運河はもやい船が少ないので、そこへ止めて妻が野菜買いに上がる。農家では用意していて、庭先で新鮮な野菜を買ってくる。

平井浩太郎さん（大正15年生まれ、流山３丁目）は、

「行徳等では、小商い舟が早朝に野菜だけでなく、お煎餅どうですか、って寄って来るんです」と、珍しい話をしてくれた。また、関宿河岸では煮売り舟が来て煮たおかずを商った。便利に思うこともあったが、まとわりつかれるとうるさくも感じたともいう。

湯舟も河岸にもやっていた。湯舟は船頭さんを相手にした銭湯で、流山河岸にもあった。『利根川図志』の布川河岸のイラストにも湯舟の絵が出ている。湯につかっただけでなく、酒も飲んで疲れを癒した。雑談もするが、どこそこに浅瀬が出たとか、けっこう情報交換になった。

高瀬船にはセジがあった。セジは炊事が誂ったとも言われ、四畳半ほどの狭い空間。睡眠も食事も休息もする暮らしの場所だった。夫婦船は高瀬船で子育てをする。赤ん坊から入学まで父母と一緒にいるのはいいが、友達と遊ぶことはできない。目を離した隙に、コベリから転落したらお仕舞だ。その時のためにヒョウタンを幼児の体につけて置くという話を聞いた。これは、ライフジャケットのような物だろう。泳ぎは自然に覚えるが、親によっては3つ4つになったら、乱暴な話だが川へ放り投げる。それで泳ぎを覚えたという話もある。

学校へ上がれば、親の手を離れて祖父母の元で生活する。10日も20日も、帰って来ない親の帰りを待つことになる。その代り、夏休みには思いっきり船に乗れる。こうして船頭の生活を見て、親の仕事を手伝いもしながら仕事を体得して後を継ぐのである。

東京には船頭の子を寮で預かる水上小学校があった。土曜の午後は自宅に帰れる。それは、東京でも水運があった時代だけの学校だった。

■高瀬船一艘で田畑の一町株

次男が独立する時に農家なら田畑を分けてやるが、もし親の持ち株が2町歩も無かったら、長男も次男も食っていけない。それを田分者《たわけもの》という。次男を高瀬船に奉公に出して成人した時に高瀬船一艘新造してやれば、次男は船頭としてやっていける。田畑ならほぼ一町歩を貰ったと同じことになったのである。次男は嫁を貰って、夫婦で高瀬船で暮らせる。親から貰った高瀬船は何年使えたか。高瀬船の寿命は約20年だから、今度は自力で新造する。まだ40歳の働き盛りで、それ位の力は十分あるはずである。

さて、夫婦船の暮らしはどうなのか。帆を張ったり下ろしたりする時でも2人でやればうまくいく。川の水を使って炊事、洗濯は女房の仕事である。掃除は狭いセジだから、何のことはない。

トイレは、すべて水洗トイレのように流してしまう。「水は三尺下がれば水神様が清めてくれる」から大丈夫らしい。男は恥ずかしさはないし、小さい時から慣れている。が、女は困るだろう。新婚の妻は大いに困ったのではないか。それでも何とかしたのだろうが、私も詳しいことは聞いていない。

次に仕事の分担はどうだったのか。大事な仕事は、男は櫓を漕ぐ、舵を取る。一方、女房は綱で曳き船する。曳き船もコツさえつかめば、そんなに力仕事ではなかったというが、楽な仕事ではなかったろう。「さあ利根運河だ。曳き船頼むぞ」と、夫から声がかかる。さっと船を下りて船曳き道でロープを曳く。そんな時、赤ん坊が泣き出したりしても、セジへ駆け込むわけにはいかない。心を鬼にしてロープを曳く。ただ黙々と、泣き声には耳をふさいで曳く。

運河は風が通らないから帆を上げられないことが多い。高瀬船の夫婦は喧嘩をしていても、曳くのと漕ぐのがバラバラでは船は進まない。俗に「夫婦喧嘩と西風は夕方には止む」と言われるが、高瀬船の夫婦喧嘩は曳き船なると止むのである。

■いつから女も船に乗るようになったか

タイトルの高瀬の夫婦船は、いつからあったのか。「高瀬船に夫婦で乗るようになったのは明治中期から。ただし、江戸川周辺にかぎられていた」（『高瀬船』）という。佐原や銚子からはなかったようだ。「船頭小唄」は高瀬の夫婦船だが、それは例外に属したのだろう。もう一つ文献を引けば『女たちの利根川水運』では、「高瀬船に女を乗せるようになったのは舟運も末期のこと。それまでは、女を船に乗せることを嫌った」と出ている。若者たちが船を離れた

見えてくる。

㉙ 運河はなぜ国へ売却したか

利根運河は、明治44年に国有化期成同志会をつくっている。もともと計画段階では国の事業だったが，予算の関係で民間事業になった経過がある。だから、振り出しへ戻そうという動きと解釈できる。明治末のことだから、経営が悪化して会社を投げ出そうとしているのではない。だが、下降線をたどり始めた時期だから、先行きを見ると明るい見通しだけではなかった。そこで、将来は国有化もという議論が出たものであろう。

私は利根運河の年表でこれを見たとき、ずいぶん早くから国有化の議論があったものだと軽く驚いたのを思い出す。その後も、何回も国有化論は繰り返された模様であるが、売却までの足跡をたどってみたい。

■鉄道、トラックからのダブルパンチ

運河に直接関係する鉄道の発達に目を向けてみよう。明治29年に今の常磐線（日本鉄道）が田端、土浦間で開通した。次いで、我孫子から成田までが明治34年に開通し、これは成田山参拝の鉄道だが利根川水運にも影響するルートだった。

野田から柏まで千葉県営鉄道が明治44年に通じた。これは醤油を東京へ運ぶ鉄道だったから、水運にとっては大打撃だった。鬼怒川水運も鉄道にとって替わられたのは今の常総線の開通である。また、野田が醤油を鉄道で運ぶなら流山もミリンを鉄道でとなり、流山軽便鉄道が大正5年に創設された。やがて軽便は普通軌道に改められて、工場から全国へ出荷できるようになった。

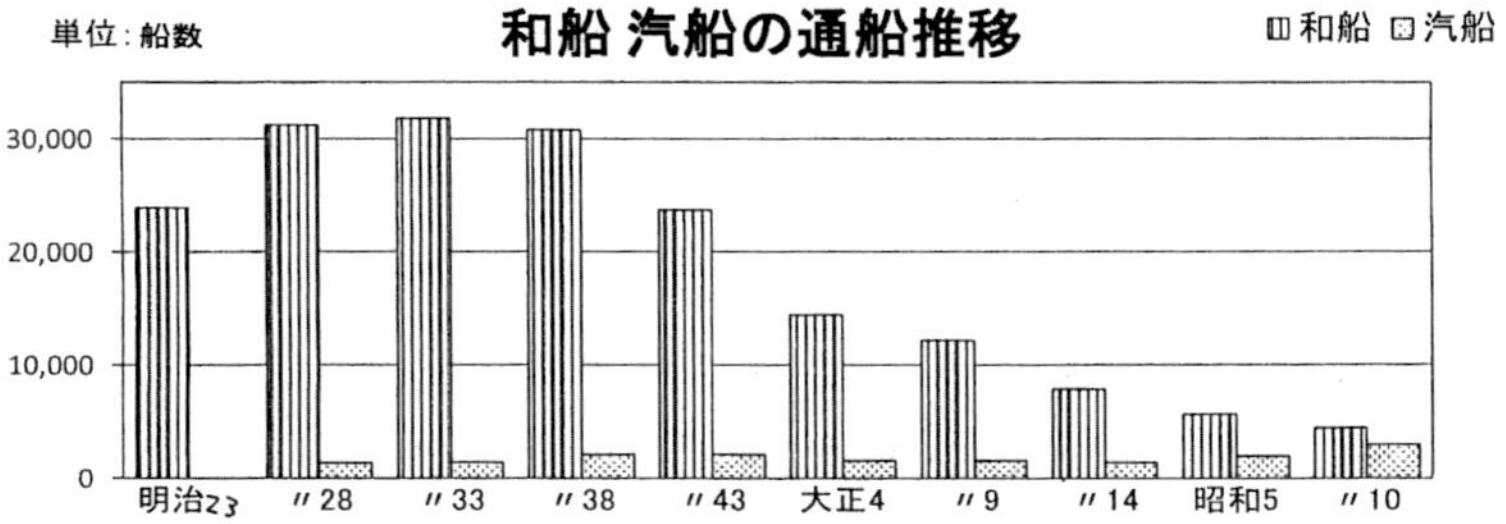

これら鉄道の発達によって、物資はもちろん人までもより早く輸送されるようになった。さらに、トラックもまた水運の競争相手だった。平井平太郎さん（明治36年生まれ）は万上の手船でミリンを運んでいたが、

「万上がトラック3台を購入したら、わしら船頭はお払い箱よ。それが昭和5、6年頃だった。だから、わしら船頭の敵はトラックです」

と回想して明言した。

つまり舟運は鉄道とトラックのダブルパンチを食らってしまった。これが、いわば舟運の戦力外通告だった。

■大正、昭和期の請願と陳情

大正2年に茨城県会議長が利根運河の国有の意見書を内務大臣（今の国土交通大臣）に提出している。千葉県議会議長も同六年に同様な動きをしたので、運河会社が両県に働きかけて動いて貰ったものと推量できる。

8年には利根運河治水に関する請願書を貴族院議長に出している。タイトルは治水だが、利根運河治水上、国有の必要を提言している。提言者は東葛飾郡農会長だから、これも会社から依頼を受けての動きなのだろうか。

利根川江戸両川浚渫の請願も、7年に貴族院議長に提出している。それを運河会社ではなく森田繁男他200名で行っている。浚渫に関する請願は何本も出ていて利根川、江戸川の浚渫

としているが実は運河の浚渫も同時にお願いしたい様子が読み取れる。

利根運河の浚渫については、12年に浚渫船を内務省から借りてやっているから、内務省としても会社の窮状を理解して、

「黙って見ているばかりではいられない、内務省の船で浚渫するわけにはいかないが、浚渫船をお貸しすることはできる。使ってください」

と、会社の窮状を見かねた役人の温情が見えるようである。

貴族院ばかりでなく、内務大臣へも意見書を提出している。それは、千葉県会議長からで、ずばり「速やかに利根運河を買収せられるよう」との意見書である。

関東大震災による復旧工事費の国庫補補助金を12月に申請していたので、やっと翌年2月に許可されている。補助金だから全額ではないようで、金額は不明であるが工事に弾みが付いたはずである。なお、補助金のほかに内務省の直接工事についても申請していた通り、これも認可されたと『柏市史年表』に出ている。

大正期は国営化が決まったわけではないが、国営化に向けて着々と手が打たれていた様子はわかる。国も会社の窮状については把握を始めたようである。

昭和3年、「利根運河国営ニ関スル建議」が内務大臣宛に出ている。差出人はわからないが、おそらく会社からと読める。「関係地方民ハ運河ノ国営ヲ政府ニ嘆願スルニ至リタリ」という現状なので、運河の国営のために詮議してほしいという内容である。この建議を受けて、報知新聞は報じている。見出しは「運河の国有移管、鬼怒川改修を機に更に猛運動を開始」。その内容は、「この国有化運動は根強く継続してきたのであるが、今日まで何等効を奏さなかったもので、今度は是非共初心の貫徹を期したいと意

気込んでいる」

と会社や住民の決意の固さを述べている。

昭和12年には、会社所有の水田、畑、山林の全部を1万7000円で売却することを重役会で決めている。これは、会社が経営の危機を世間に強く訴えたものであろう。

少し遡るが、昭和の初期に「運河国営移管期成同盟」が結成されている。14年になると、「運河改修促進請願」が出ている。たぶん、貴族院・衆議院に提出したものと思われ、運河の改修を訴えながらも結局は治水上国有の必要性を強調した請願である。

さて、『利根運河資料集』の陳情・請願の最後は内務大臣や千葉・茨城県知事等への「利根運河改修促進ニ関スル陳情」で、その内容は今までの繰り返しにすぎない。このように、国有化の動きをたどってみると、どんどん悪化してきた経営の実態が見えてくるようである。

■22万余円で国へ売却する

利根運河会社が創業以来の危機にある時に、台風による水害が襲ってきた。会社にとっては、まさに泣き面に蜂である。昭和16年7月大洪水が利根運河を直撃。水堰は破壊され、下三ケ尾の堤防他5か所が決壊した。大被害を受けた福田、田中、旭、梅郷、新川の五か村は損害賠償を会社に陳情したが、会社には支払える資金がなかった。

このようにして、利根運河会社は万事窮し、内務省が提示してきた22万5156円で売却することを決めたのは、昭和17年1月である。

見てきたように、国は国有化に踏み切ったが、価値のない物を買い上げたのではなかった。国は、この時点でも運河としての機能に期待していたようである。それは海軍の軍需輸送のためで、これは先にも触れておいた通りである。

ところで、利根運河会社は創業から解散まで約50年である。運営は初めは好調だったが、晩年は水害という大怪我や絶えず浚渫しなければならない大病で出費がかさんで苦労の連続だった。それはあたかも人生50年を見るようでもある。

㉚ 中学生の勤労動員は運河でどんな仕事をしたか

動員されたのは旧制中学だから、今の高校生で年齢にして16～7歳の少年たち、地元ではなく東京の中学生たちがかり集められたというのだから、戦時中とはいえ奇妙な話と言う人がいるかも知れないが、正確には陸軍暁二九四部隊作戦築城班といういいかめしい組織である。それは昭和20年7月のことだった。動員されたのは、東京の私立攻玉社中（品川区）、麻布中（港区）、日大三中（港区）の生徒たちである。その動員された中学生たちはどんな仕事をしたのか。

■不気味な船が運河を通った

海老原章さん（東深井）は、何とも不気味な船が通るのを運河橋で目撃した。

「昭和19年頃だったと思います。運河を大きな船が通るのを見ました。飛行機を積んでいるという噂でしたが、黒い鉄板で覆われていたから、確かなことはわかりません。その不気味な船は、東京の方へ向かっていました」

海老原さんは、運河を通る船では最高に大きい船だったとつけ加える。増水している時を選んで航行したものと思われる。そんな不気味な船を何日か間を置いて、もう1回目撃している。十余二の飛行場は利根川からも運河からも離れていたから、十余二からではない。そうすると、霞ケ浦の航空隊の物だったのか。

酒井徳衛さん（東深井）も、和船の大きな積み荷、飛行機を見ている。

「それは昭和16～7年頃、飛行機を積んでいた

昭和16年７月の洪水で水堰橋が崩れる
（山中金三氏蔵）

が、左右の主翼はなかった。船で運びやすくするために主翼を取ったのか、それは分からない。木造の船で、焼き玉エンジンだったね」

と、記憶をたどる。そうなると、海老原さんが見たのも噂通り飛行機だったかも知れない。海老原さんが見た船と酒井さんが見た船は違う船だったようだ。飛行機なら船に積まないで空を飛んで行けばいいものを、故障でもしていたのだろうか。軍事機密があったから、聞きただすわけにはいかない。もしスパイと疑われたら厄介なことになる。

■運河は陸海軍の軍需品輸送

霞ケ浦の航空隊の名は早くから利根運河会社の記録に出てくる。大正11年、飛航場の建築資材を運ぶのに運河を航行したことが、営業報告に出ている。それは東京からの航行であったろう。また、昭和11年には土浦海軍航空隊から、利根運河の状況について問い合わせがあった。

恐らく運河の水深の状況で、重量○○トンの船が通れるだけの水深があるかどうかという問い合わせのようだ。

霞ケ浦だけではなく、横須賀海軍工廠とも関わっていた。横須賀の海軍工廠から運河会社に呼び出しがかかったのは、昭和15年3月のことだった。総重量1500トンの物資を積んで運河を通りたい、その件で打ち合わせをしたいという。そのほか、海軍は横須賀から利根沿岸演習場へ資材運搬をするために、運河の浚渫工事をするようにと要望している。

さかのぼって、大正7年に国府台や砲兵連隊の一個中隊が運河を通航した。また、大正14年の営業報告に、流山の陸軍糧秣廠ができて干し草や藁を積んで通航する船が多くなると期待している文章もある。

昭和15年、軍需品通航のため運河の浚渫を始めた記録も残っている。上三ケ尾と船戸の警防団が作業にあたったという。

■旧制中学生　運河の勤労奉仕

昭和に入ると、運河はますます経営不振に陥った。一方、軍部はいよいよ運河を輸送路として注目しはじめた。そこへ、昭和16年7月の大洪水で運河の堤防は各所で決壊し水堰橋は崩壊してしまった。運河は壊滅的打撃を受けたのである。

翌17年、運河は国の所有となり、陸海軍の輸送路として利用されることになった。20年になると、アメリカの潜水艦が東京湾の海上封鎖によって、河川による輸送ルートを整備する必要に迫られた。このような情勢になって、ますます利根運河の役割が見直されてきたのである。そうなると、水害で壊された水堰も改修しなければならないし、運河は大掛かりに改修しなければならない。大型船も航行できるようにしたい。そのために、東京の中学生にまで白羽の矢が立てられたという次第であろう。

もちろん、地元の警防団や勤労報国隊も動員されて運河復旧工事をした。新川村の勤労報国隊は19年に延べ１３２６人も動員されたと運河会社の記録が残っている。

昭和20年7月というから猛暑の頃、中学生たちは運河の水堰橋付近の農家に分宿して運河の改修作業に従事した。モッコで土運びが主な作業だった。７月の猛暑のなかで土方仕事はきつかったろう。農家の子なら慣れた仕事と言えるが、都会の子の土方仕事はきつかったに違いない。

戦中は兵隊宿があって、兵隊が民家へ分宿して演習などに参加した。中学生たちの生活は兵隊宿と似ているし、あるいは私の想像だが集団疎開と共通な目的もあったかも知れない。集団疎開の対象は小学生だったが、これは中学生だったから目的はまったく重ならないまでも戦火を避けるという目的は共通だったように見える。

中学生たちは農家へ分宿すれば、米のご飯が食べられると思って来たようだが、実際は雑炊だったり、スイトンだったりしたというから、腹がへってどうしようもなかったのではないか。東京の親元へ帰りたいと思っていたに違いない。

勤労動員された中学生たちの外出証明書が残っていた。Ａ君は8月8から14日まで外出を許可するという証明書である。これを発行したのは陸軍少尉であるから、軍隊とまったく同じように外出まで厳しく管理されていた。Ａ君は親元へ帰って、原隊へ戻ってきたら次の日が終戦であった。中学生たちは運河の堤防上で玉音放送を涙で聞いたと伝わる。

さて、平成8年にあの時の中学生たちが15人も運河を訪れて現地で思い出を語ったと新聞で報道された。51年ぶりの再訪だった。勤労動員された中学生は約50人もいたが、利根運河再訪を打診したところ「忌まわしい記憶だから行きたくない」として二の足を踏んだ人もいたという。

この話、東京の中学生まで利根運河の勤労動員にかり出したのは、本土決戦に備えた軍部の焦りだったのか。時代に押し流されて、利根運河復旧工事に駆り出された中学生たちこそいい迷惑だったろう。

五 利根運河は今

㉛ 戦後の堤防改修で機械化はどれ程だったか

戦後の堤防改修は、運河開削時（明治21～3年頃）のような手仕事だけではなかった。かなり機械が使われ出したろうが、例えば大正時代のように馬トロ（馬が土を積んでトロッコを曳く）は戦後までも使われたのだろうか。

ところで、昭和22年のカスリーン台風によって関東は大水害をこうむった。あれ級の水害があっても耐えられるような堤防を築く、というのが戦後の建設省の堤防改修である。手仕事だけの明治期とは、やり方が違っていたろう。新しい機械も導入したようだが、ダンプカーやブルドーザーは使われたのか。また、昔ながらの手仕事もあったのではないかと想像できる。

カスリーン台風級の洪水でも決壊しない堤防とはどんな堤防か。村山金一郎さん（西深井）の説明は分りやすい。「高さは約1・5倍、底幅は2倍」という。

■馬トロか馬ドロか

さて、馬が土を積んだトロッコを曳く。明治の運河開削時には、人が押すトロッコを使った。大正期には、それが馬トロになったのだろう。トロッコだから線路と枕木を敷く。枕木があると歩きづらいのではないか。後ろ足の脚元は馬には見えないから。写真で見ると、枕木はほとんど土をかぶっている。これなら、馬も躓かないで歩けたはずである。一方、泥汽車の方の枕木は地面から丸出しで写真に写っている。

泥汽車の土運び（『江戸川改修の記録』建設省より）

馬トロの馬は、建設省の馬か、個人の所有する馬か。個人持ちだったら、夕方曳いて帰るはずだが、この馬たちは夜も河川敷に柵で囲われていたのを見た人がいるから、建設省の馬だったらしい。屋根のない所で、20～30頭が柵で囲われていた。馬が盗まれないように警備するアルバイトで働いた人もいる。これらの馬、おそらく小金牧の野馬を払い下げた馬の子孫らしい。もう何代目かになっているはずである。

ここまで、馬トロと書いてきたが、馬ドロ・馬泥という表記もある。どっちなのか。『江戸川改修の記録』ではどちらもあるので迷ってしまうが、馬トロも馬ドロも同じ物である。「馬が曳くトロッコ」であるから、「馬が曳く泥」よりも「馬トロ」の方が適切な表記と私は考える。いずれにしても、人間が2人で押していたトロッコを馬が1頭で曳くというのは、労働の進化と考えられる。

人間が押すにしても馬が曳くにしても、堤防という山がある。これは障害物で、それを克服したのが、蒸気機関車によるトロッコの牽引である。このいわゆる泥汽車は、土を積んだトロッコを10両も連結していたのが写真に残っている。

■新しい機械を見物に行く

戦時中、機関車を木炭ガスで動かした時期があったが、それが戦後はジーゼル機関車になり、先に述べた蒸気機関車になって作業が能率化した。戦後の新鋭機械は、ラダーエキスカベーターである。これは掘削機械で、しかもトロッコに積むまでやってくれる。この機械は煙突から煙を吐いているから、蒸気機関車だ。私は新鋭機械としたが、すでに昭和12年に江戸川工事に登場している写真がある。

『江戸川改修の記録』によると、戦後はこのラダーエキスカベーターが9台、蒸気ショベル2台、機関車11台、浚渫船2艘、土運車（トロッコの箱）１２００台が江戸川や運河の改修に使われたと出ている。目を見張るような機械化であるが、この他にもドラックラインという掘削機や掘削運搬車も活動している。注目すべきは、いよいよブルドーザーが3台も登場していることである。だが、ダンプトラックはまだのようである。

このように、外国から輸入された新しい機械によって戦後の堤防改修は行われた。

子供の頃、新鋭の機械を現場まで見に行った方もいたという。戦争には負けたが、力強い復興の槌音が運河や江戸川にも響いたのである。

■酒井さんも汗を流した工事

酒井徳衛さん(昭和2年生まれ、東深井)は昭和10年の江戸川洪水を見ている。流木が多く、若者がサッパ舟で流木を拾うのを固唾を飲んで見守った。流木は舟には乗せられないから舟に寄せて曳いて来る。それは燃料になったが、大木は木挽きに頼んで板にひいたらしい。

酒井さんは戦後の堤防工事に携わった。2人で1台のトロッコに土を入れて押した。夏などは汗が流れるのを拭きもしないで、押したものである。20代前半の力が有り余っている時代だった。

今の理科大の所は、森田公園と呼ばれて森田繁男が桃やブドウ等の果樹園だった土地で、富士見公園とも呼ばれた空き地だった。富士見公園の名は、高台で富士山が良く見えたから。そこは運河開削時に土捨てにされた所で、今よりも5~6メートルは高かった。だから、その土をトロッコの箱にシャベルで入れて運んだのである。理科大のあたりの土を崩した時、土が崩れて死んだ人もいたというから相当な土の山だったと想像できる。

県道の西側は、運河水辺公園の北であるが、今の理科大と同じ位の高さがあって、住宅はなかったから土を取れた。そこから江戸川までは約3キロのトロッコを押した。下り坂を過ぎると平らだから、押すのは割りに楽だった。

泥汽車のトロッコは10両も曳く。それが江戸川の仮橋を渡って来る。川向こうの中洲の土を運んだのだ。こうして江戸川左岸の堤防を高くした。泥汽車のレール幅は酒井さんが押したトロッコ幅よりも広かったという。

「日野屋（窪田酒造）の土手は2・5メートル高くしました。日野屋を移転しないですむように、土手を急勾配にして石積みの工事でした」

酒井さんは70年前を回想する。戦後の23年から24年まで約2年間働いて、酒井さんは東京の会社に転職した。こう見てくると、戦後の堤防改修はかなり機械化されていたことが分かる。トロッコだけだった明治の運河開削時と比べると、ラダーエキスカベーターが働く姿はまさに隔世の感がある。

㉜ 運河橋から跳び込んで危険はなかったか

高橋洋さん（昭和19年生まれ）は、運河橋近くの高台に住む。桜の季節、2階の書斎から眺めているのは至福の時である。少年時代、富士見公園（今の東京理科大）は松林になっていて、ハツタケの宝庫だった。ザルに一杯採ってきて、母にハツタケ御飯にしてもらった。ハツタケは昭和37年頃まで採れた。

高橋少年には運河は庭のようなものだった。夏は泳いで潜ると、ヤマベ、タナゴが見えた。テナガエビやシジミも採った。モズクガニも採って煮て食べた。それらはいる所は決まっていた。少年たちにとって運河は最高の遊び場だった。戦後は船も通らなくなったし、運河は自然豊かな公園だった。

■運河はカッパ天国だった

高橋さんは、運河橋の所で大人たちが夏の夜、水泳大会をするのを見ている。父親も参加したし、女の人たちも水着姿で参加していた。それは昭和27、8年頃だった。水は綺麗で、クチボソもザッコも泳いでいた。大人が水泳大会をするのを見ていたから、子供たちも運河に入った。いや、子供たちの泳ぎを見ていて大人たちも泳ぎ出したのだろう。

運河の幅は水の増減によって変わるが、水面幅20メートルとして、流れは江戸川よりも緩やかだから、2年生で泳ぎ切ったという話を聞いた。泳ぎ疲れたら岸のヤナギの枝につかまっては休む。学校にはプールがなかった頃の話である。指がシワシワになるまで遊んだ。

スイカは運河の名産だった時代がある。スイカを運河へ浮かばせておいて、顔を水につけて頭でスイカを押しながら泳ぐのは難しいが面白い。スイカが冷えたら割って友達と食べたのは、戦後生まれの方の夏休みの思い出である。

運河橋の下には、狭窄棒《きょうさくぼう》が何本もアトランダムに打ちこんであった。橋の護岸のためのものだったが、狭窄棒というよりも杭だった。子供たちは杭の上をぴょんぴょん飛び跳ねて、それはまるで小鳥のようになって遊んだ。失敗しても水に落ちるだけ、落ちたら泳ぐ。狭窄棒は真っすぐな杭なので、エゾマツかトドマツだろうという人がいたが、正確には分らない。

手前が運河橋、向うがふれあい橋

三ツ堀には天下の奇祭と呼ばれた泥祭りがあった。運河にも泥はあったから、三ツ堀の子供たちは運河を挟んで大青田に向かって泥を投げた。投げればやっと届くほどの距離だった。その時に、「オーダ（大青田）の学校は紙障子」と節を付けて歌った。戦前はまだガラス戸ではない障子の学校があったのを囃し立てたもので、それは喧嘩と言うよりは遊びでもあった。大青田からは似たようなお返しがあったのは勿論である。

南岸の運河橋の所に貯炭場があった。東武線で運んできた石炭を船付場まで落として、そこから船で運んでいた。それは江戸川の堤防改修の泥汽車などが使ったのだろうか。その石炭が、崖にも運河の水の中にもこぼれていた。夏は、潜って川底の石炭を拾い集めて持ち帰ることもした。中には潮干狩りの熊手で石炭を掘り出す人もいた。風呂焚きには石炭を使っていたから、親たちに喜ばれたものである。

■大人は投網、子供は置き針

運河の水が昭和49年頃、増水したのを高橋さんは見ている。江戸川が増水したので、運河へも逆流して増水したようだ。そうすると、

「江戸川の魚も一緒に入って来るから、大人も子供も釣りをする。子供はびんどうでヤマメやクチボソを採り、大人は投網を打つ人もいた」

増水という自然現象で、急に大人も子供も活気づく様子が面白い。今ではまったく見かけなくなったが、カラス貝が運河で採れた。川底にいて歩けば足にぶつかるから分かる。大きい貝なので子供たちに人気があり、江戸川でも手賀沼でもいたという。

ウナギを置き針で採った子もいる。長い糸にミミズを「ちょい掛け」した針を10本も付け、夕方運河に仕掛けて置く。翌朝早く上げると、ウナギがかかっている。冬の寒い頃だから早起きは億劫だが、釣れない朝はないから今思えば楽しかった。

「岸に、石が積んである所は、ウナギのネグラだから、そこを狙う」

運河北岸の山崎邦夫さんは、ウナギ釣りのコツをつかんでいたようだ。サワガニもいた。それは土手のきれいな水が浸み出している所は砂地になっていて、そこを掘るとサワガニがいた。甲羅は3センチ程の可愛いカニで、唐揚げにすると、うまかったと山崎さんは言う。

■運河橋から跳び込んだ中学生

高橋洋さんは、運河橋から跳び込んだ中学生を見ている。脚から先に跳び込んだかと思ったら、頭からの逆跳び込みだったという。高橋さんはその時は小学生で、昭和27、8年頃だった。水深がどれだけあったか。おそらく1メートルでは危険だから、少なくとも2〜3メートルはあったろう。橋の高さは約10メートルとして、大人でも足がすくむ高さである。それは、高橋さんが強烈に印象付けられた記憶である。

江戸川台在住の奥田真寿雄さんからは、同じ運河橋から跳び込んで死んだ少年がいたという情報を頂いた。そのとき私は(やっぱりそうか)と思った。水が少なくて、頭を打ってしまったのだろう。ムルデルの設計では水深は1・6メートルだったが、それより多い時も少ない時もあったはず。そんな事故があったので、それ以後は危険だから飛び込みは止めになってしまったのかと思ったら、その事故は戦前だったらしいという。戦後も飛び込みを見ている人は多い。

ところで、運河はいつまで泳げたか、坂巻儀一さん（東深井、昭和37年生まれ）は泳がなかった。先輩たちは盛んに泳いだというから、昭和40年代半ばから、汚染されて泳げなくなったらしい。

運河は船の通り道だったが、子供たちにとっては格好の遊び場だった。運河全盛時代は一日に100艘も通ったというからカッパ連もままならなかっただろうが、大正、昭和時代は船も少なくなったというから、思う存分に遊べたのだろう。それらの遠い日々を目に浮かべて懐かしく語る方は多い。

㉝ 運河周辺の先住者は誰か

東深井古墳群は、近辺では古墳が集中している所として有名である。が、古墳に眠る人々はどこに住んでいたか、運河の南岸か北岸か、どんな人なのかは不明である。また、奈良時代の製鉄遺跡も、運河近くの東深井にあった。製鉄していた人たちの住んでいた場所も特定されているが、名前までは分っていない。深井城の遺跡は利根運河の工事によって一部破壊された模様であるが、城主の名は安蒜備前守、平川、矢口氏が伝承されている。

なお、西深井地区の板碑（中世の遺物）の出土数が夥しく市内の約四割が集中していて、安蒜家板碑は県指定の有形文化財である。古代、中世の深井は文化の先進地だったようである。

■石田三成家臣の子孫が運河に住む

関ヶ原の戦いは豊臣と徳川、すなわち石田三成の西軍と徳川家康の東軍の激突だった。石田三成の佐和山城は俗に「石田に過ぎたるもの」の1つと言われ、琵琶湖畔にあって1万の兵が守りを固めていたが、ついに落城して天下分け目の一戦は石田三成軍の敗戦に終わる。石田軍の佐和山城の留守居役が山田上野介。山田は落城の時に切腹し、子の隼人は5歳の喜庵を背負って逃げ延びた。喜庵は下総の深井の里に住みついた。その子孫が運河の畔に住む山田喜雄さん（昭和15年生まれ）で、ギャラリー平左衛門を営む。

この山田家と同じような歴史が、野田の茂木本家にもある。こちらも豊臣の重臣で、大坂城落城を機に野田へ遁れてきたという。また、西平井（流山）の岡本家(岡本忠也さんは33代目)も豊臣家の家臣だったが、同じ頃に落ち延びて来て帰農した。だからと言って、山田家、茂木家、岡本家は一緒にここへ来たのではないようだ。

「うちに、『佐和山城落城記』があって、それを東大の資料編纂がデータベース化していま

ギャラリー平左衛門で講演する山田さん（写真/山本啓子氏）

す。東大へ行ったら、写本を見せてくれました。うちにあるのは、その原本です」

ギャラリー平左衛門の山田喜雄さんは家宝について話してくれた。『落城記』は15年前の佐和山城の落城を思い出して、この深井の地で山田喜庵によって書かれたもの。家康が死亡した直後だから、一区切りを付けるためだったろうかと思われる。喜庵が20歳頃の事である。父の隼人は大坂夏の陣で討ち死にしている。その父から聞いた話が主になっているのだろう。落城は喜庵5歳の事だったから。父から医術を学べと言われていたので、喜庵は深井で医者を生業としていたようである。

山田さんは運河駅近くでギャラリー平左衛門を始めた。山田家は喜庵から数えて何代目かは残念ながら分からない。東深井の慈眼寺が菩提寺なのだが、過去帳がないからである。でも、『落城記』が自宅にあるのだから、『落城記』

を残した山田喜庵の子孫であるのは間違いない。

「私の名前の喜雄の喜は喜庵から、姉は佐和山城から取って佐和子です」

父親が付けた先祖から縁の名前の由来を説明する。長浜（滋賀県）では三成祭（石田三成の供養祭）を毎年11月にやっている。山田さんも招かれて平成24年に佐和山城について講演して来た。ご当地、長浜の三成人気は大変なものだという。

「うちは運河を掘る時に少し南へ移り、堤防の拡幅でさらに南へ少々移りました。でも、屋敷として400年以上、この土地で暮らしてきたのですから住み心地は上々です」

それは、山田さんの誇りである。佐和山城から は移っても、ここを根城として動かないという自負であろう。

■運河のほとりに住み続ける山田家

昭和22年9月のカスリーン洪水は、千葉側よりは埼玉側の方が水害はひどかった。利根川は栗橋の堤防が切れたから、江戸川の水は埼玉側へ溢れてしまった。山田家では、自家用の舟を軒に下げていたのを下して土手を滑らせて運河へ浮かべ、救援物資を積んで吉川の親戚へ向かった。運河には山田家の舟を係留する場所があり、魚を捕るのにも使っていた。が、魚捕りは山田家の生業ではない。

浚渫船が運河の川底を浚っているのを、山田さんは戦後に見ている。その船は運河橋の近くに係留されていた。泳ぎの時、その船を目標にして泳いだ。子供時代の思い出は運河にまつわることばかりである。

運河で泳いでいて潜って目をあけると、魚が泳いでいるのが見えた。運河橋の下が泳ぎ場だった。両岸がコンクリートだったから、プールのようだった。運河が増水すると、運河橋から水面が近くなるから跳び込めたが、水が少なければ危険。増水したら若い衆が飛び込むが、小学生には無理だった。

運河が曲がっているのは、谷津から谷津を繋いだから。運河を掘削する時、谷津や湿地は1〜2メートル掘ればいいが、台地の部分は切り通しに掘って土を捨てる。理科大の所は台地、しかも土を捨てた所で今よりももっと高かった。「眺望の丘は、土を捨てた所（ドステ）。名前はなかったが、だいたい今の形のまま」

山田さんの運河の思い出は尽きない。橋の所に貯炭場があった。東武線で石炭を運んできて船に積み出す場所だから、引き込み線で運んできた石炭を崖から滑り台のように落とす。運河の中に落ちた石炭を拾うのは子供たちの遊びだった。運河駅前の山口さんが、その仕事を請け負っていた。山口さんは初め旅館をやっていたが、この仕事をきっかけに運送業になった。石炭を船に積むのが仕事だった。それは昭和30年頃までやっていた。江戸川の堤防改修用の泥汽車の石炭だったのか。

ギャラリー平左衛門は平成19年にオープンした。駅にも運河にも近いこと、そんな立地条件に加えて明治27年築の蔵と静かな竹林とを持っているのが売りで、それらを生かしてさまざまな展示会、朗読会、演奏会をも開く。とくに竹林でのオカリナやバイオリンコンサートは好評だった。運河散策の休憩地として、コーヒーレストラン「さわ」も喜ばれている。この茶房「さわ」は、佐和山城からとったのか、コーヒーを飲みながらそんなことまで想像させる憩いの場所である。

㉞ 運河のバードウオッチャーは何を見たか

間藤邦彦さん（柏市みどり台）は利根運河近くに住む。健康のため、散歩を毎日のようにし

利根運河での探鳥会（右から４人目が間藤さん）

ている。散歩は決まって利根運河、日によっては江戸川まで足を延ばすこともあるが、大半は運河の土手である。そうと決めているわけではないが、水とおやつを持って家を出れば、散歩の足は自然に利根運河へ向かう。

ある台風のあと、大水が出て運河の堤防から堤防まで、約百メートルが満水になったことがあった。普段はチョロチョロと流れている運河も、この時ばかりは湖のよう。間藤さんは、天端に立っているのが怖いようであった。30年前の体験である。平成13年9月13日には、水位が9・36メートルになって、それが最高水位記録と水位観測所の記録にある。水は、江戸川から逆流してきたのだ。

■ツミは思いっきりガラスに激突する

運河に近い共栄年金ホーム（東深井）に勤めている頃、ガラスに激突した野鳥がいた。図鑑で調べてみたら、ワシタカ科のツミだった。年金ホームは森の中にガラス張りの建物があるので、そんなことがよくあった。ガラス窓に立木が写ったりしているので、その木に止まろうとして衝突してしまったのだろう。ガラスを綺麗に掃除しているからぶつかるのだろうか。それなら、綺麗にするのも考えものである。野鳥の世界にはガラス等の文明の物はないから、そんな物は苦手なのかも知れない。

間藤さんは鳥が好き、なかでも猛禽類が好きだ。だから。浜離宮の鷹匠ショウは何度も見に行った。オオタカやハヤブサの精悍な目にひかれるし、野武士的な風貌も魅力的である。正月の寒い時だが、そんなのは苦にならないで出かける。

■ホバリングしてネズミを捕る

水堰橋の近く、土手の叢から野鳥が飛び立った。不思議なのは飛び去ることもなく、間藤さんの目の高さでホバリングしている。(何事だろう？）と注目すると、5メートル程しか離れてないのに怖がろうともせず、何かを狙っているらしい。

ホバリングは10秒、20秒も続く。真下をじっと見てホバリングが続く。何鳥か。どうやらチョウゲンボウらしい。こちらから危害を加えなければ、攻撃される心配もないだろう。ホバリングから、真下へ降りた。捕まえたのはネズミのような動物。そこへ同じ鳥が飛んできた。一瞬、奪い合いかと思ったが、ツガイのようで2羽で獲物を突っつき始めた。獲物を弱らせたところで、林の方へ運び去った。

舞台は替わって、そこは流山の北部公民館の駐車場。後ろでバサッと音がして振り向くと黒い物が落ちていた。鳥だったが、逃げようとしない。触ると温かい。捕まえると、くにゃくにゃしていて目は生きているようだが、絶命しているらしい。(何鳥？）どこも痛んではいないので、剥製にしたらいいと思って、我孫子の鳥の博物館へ持って行った。学芸員は、ご足労の礼を言った後、「次は着払いで送って下さい」と言ってくれた。

■罠にかかった野兎を助ける

利根運河で野鳥と触れ合うのは楽しい。きょうも何か起こるかも知れないという期待がある。野鳥たちのドラマを見たいと思うからである。

次の場面は、江戸川である。カラスの鳴き声が尋常ではない。それを見上げると、カラスとタカの空中戦。ぶつかったと思った時は、カラスはタカにやられて川に落ちて流されていた。生存競争は、法則通り弱肉強食に終わったようである。

また、不幸なノウサギ（野兎）に出会ったこともある。場所は、流通大柏高校近くの林、40年も前の話である。ノウサギは、突然目の前に跳び出してきた。また、飛び跳ねた。その動きが不自然である。見ると、ウサギの首には針金が巻いて、罠にかかっている。息子と一緒に利根運河へ凧揚げに行く途中だったから、ペンチも何も持っていない。針金をくねくねやって切ればいい。針金はどうにか切れると、ウサギは嬉しそうに跳んで逃げ去った。あのウサギの奇妙な跳び方は、（助けてください）という必死の願いだったのだろう。夢中で切ったが、針金の首輪は残ったまま逃げてしまった。首輪の部分の針金を切ってやればよかったのであるが、後の祭りである。でも、浦島太郎が亀を助けたようにノウサギを助けられたのだから、首輪は残っても良しとしなければならないだろう。

さて、つくばエクスプレスは自然も文化遺産もお構え無しに破壊して走っているが、利根運河は違う。ムルデルたちが造った利根運河は、豊かな自然を残してくれた。それは機械を使わず、ほとんど人力で開削したからだろう。また、設計も谷津と谷津を繋いだからなのだろう。それで、自然に優しい運河になった。だから、利根運河には自然が豊かに残されて、植物も動物も豊富に生息している。野鳥たちにも棲みやすい環境を保っているから、利根運河は野鳥天国である。

㉟ 運河にアユの遡上はあるか

田中利勝さん（市川市北国分）は月刊「自然通信」を発行して330号を数える。夫人の千代さんもそれを懸命に支える。目を見張るのは、田中さんの行動力である。昨日は利根川、今日は運河という具合に車をとばして、自然観察を続ける。そのフットワークの軽いこと、疲れや病気には縁がないように見える。

田中さんは、利根運河の生態系を守る会の代表をしているので運河から目を離すことはない。平成26年に運河の魚類調査を思い立った。その時、利根川の水は運河を流れていなかった。家庭の雑排水や雨水が流れ込んで、わずかではあるが湧水も流れる。野田側からは江川の水が大雨のあとに運河へ排水されていて、水量としてはこれが多い。国交省で運河へ利根川の水をポンプアップする動きがあったので、そうなれば生態系は変わるはず、どう変わるかを見極めたい。その前の現状をしっかり把握しておきたい、そのための運河の魚類調査である。

■利根運河は亀の天国

田中さんは、魚類調査の結果、ウナギもナマズも少ないが生息していて、コイやフナが多いのを確認した。ウグイは1回に39匹も捕れた。魚の種類は31種。田中さんは「生態系の豊かさ、魚種の多さを再確認した」と報告している。

ニホンイシガメも少ないながらいる。これが「もしもし亀よ亀さんよ」と歌われた古来からの亀なのだろう。この種の亀は珍しい。亀調査のための捕獲は網（カゴワナ）を5個も仕掛ける。エサはウルメイワシをちぎって入れる。亀の他にモクズガニもかなり入っている。亀の内訳はクサカメ１５２、アカミミガメ40、スッポン１である。甲羅の長さ24センチのものもあったというから、運河の長老であろう。そうなると、引き上げて数えるだけでも重労働で、調査は体力勝負である。

「亀は運河全体で何千、何万生息しているのだろうか」

　と、田中さんはその多さにあきれる程である。縁日などで売られているはミドリガメ（アカミミガメの子）で、ペットが捨てられて運河で野生化したらしい。これは、魚等に悪さをしているので環境省では駆除の対象にしている。

■トネッシー、雷魚の大暴れ

運河を歩いている時に、田中さんは水辺で悲鳴のような太声を聞いた。何の声かはわからない。そのままにしていると、鳴き声ばかりか激しい水しぶきまで起こる。捨てては置けずに、近づいてみる。大蛇か龍か。あるいは利根運河のトネッシーか。水しぶきを立てて、怪物は近づいてくる気配。怪物はカエルのようだ。運河にもウシガエルがいる。鳴き方が牛に似ている食用蛙。ウシガエルはのんびり鳴くが、この鳴き声はただ事ではない。暴れるから水しぶきも激しく上がる。頭部は確かにウシガエルだが、もう１匹は何だ？　２匹の格闘であると判明した。

　ウシガエルを飲んでいるのは、どうやら雷魚（カムルチー）らしい。飲み込まれまいともがくウシガエルは頭だけ見える。飲み込もうとする雷魚は太い。ウシガエルは鳴き叫び、雷魚は水しぶきを立てる。やはり、実態は運河のトネッシーはなかった。

運河に入りてきたアユ（写真/田中利勝氏）

ほどなく、水面も静かになった。大太刀まわりも決着がついたらしい。雷魚は長さ50センチもあったろうか。雷魚は飲み込んでも、ウシガエルのありかがコブのように脹らんでいるではないか。これは生存競争の激しさ、自然界の厳しさを見る思いである。

■**汚染された運河でアユ3匹を発見**

調査で信じられないような発見があった。田中さんは、運河でアユを初めて捕ったのである。それは、平成26年8月22日。運河にアユは生息していないだろうと思っていたが、3匹も捕獲できた。江戸川はアユの遡上が関東一と言われる川である。だから、もしやと思っていた。手に載せてみると、ピチピチと跳ねる。香魚と言われるだけあって香りもする。

アユは秋に産卵して赤ちゃんは海へ下り、浅い海で冬を過ごして、春先に江戸川を遡上する。その稚アユが利根運河へ迷い込んだのだろう。

完全な迷子である。なぜなら、ここはアユのエサがないから、本来なら遡上しないはず。エサは石に付くコケである。その石がないのだから、せっかく運河へ入って来ても成長できないし、結局は死んでしまうのだろう。アユは清流に棲む魚だが、運河はとても清流とは言い難い。でも、運河へ利根川の水をポンプアップして流せば、運河に清流が復活する。そうなったら、小石さえ入れてやれば、アユは成長できる。

運河に清流が復活すれば、土手に桜が咲く頃、アユがしなやかに体をくねらせながら、コケを啄む様子が見られるかも知れない。ピチピチしたアユは元気なうえに、スタイルも抜群、運河のスターに充分なれる。が、稚アユの天敵は多い。ウナギ、ナマズ、ブルーギル、カワウ、カモ等あげたらきりがない。でも、稚鮎の遡上は大群だから平っちゃらであろう。

さて、田中さんは運河の魚類を調査してみて「こんなにも自然が豊かだったのか」と驚いている。利根運河は国有地だったから、乱開発を免れた面はあるが、谷津を繋いで人力で掘削された、つまり自然に優しい開発だったから自然が豊かに残ったとも言える。それは近頃つくばエクスプレスが野馬土手等の文化遺産を蹴散らし、林の自然もごっそり破壊したのと対照的である。

ところで、利根川の水が運河に多量に流れるようになれば、アユが群れをなして遡上するようになるかも知れない。そうなれば、野田市で放鳥したコウノトリがアユを啄む姿を見られないとも限らない。田中さんは夫人の千代さんと夫唱婦随で（失礼）、いや二人三脚でそんな日を夢見ている。

㊱ 運河の名はどれほど使われているか

地名がその土地でいかに歓迎さているか。それは店等の名前に使われているかどうかでも分かる。北野道彦さんは『利根運河』で運河駅等10個をあげている。

今、変動はあるが、かなりの名が使われているので列挙してみよう。

運河出張所（国交省江戸川河川事務所） 利根運河交流館 運河駅 運河橋 運河水門運河揚水機場 運河ハイツ 運河不動産 ＡＳＡ運河 運河さくら整骨院 運河駅前整骨院 運河整骨院 北岸運河亭 利根運河せんべい コーポラス運河 メモリアルスクエア運河 市営住宅運河団地 運河河口公園第二運河団地 利根運河大師 運河台緑地 運河散策の森 利根運河遊歩公園 利根運河碑 運河水辺公園 利根運河一里塚Ａ、Ｂ、Ｃ、Ｄ 利根運河の生態系を守る会 セブンイレブン運河店 メゾン運河 ヴェラ運河 東葛住宅建設運河支店

このように運河と言う呼び名が、地域住民と深く関わりあっているのがわかる。これらの他に、出版物では『利根運河』『利根運河誌』『利根運河１２０年の記録』『利根運河三十六景』『運河大師ガイドブック』『利根運河を考える』『利根運河を完成させた男』『歴史ロマン利根運河』他がある。

■賑わっている運がいい朝市

運河水辺公園で開催されている「運がいい朝市」はもう90回を超えて、ますます賑わっている。毎回テントを張って50店近い店が並ぶ。賑う理由を交流館の小名木紀子さんは、

「出店者たちは運河が好きだからでしょう。儲けのためにだけでやってるんじゃないという思いが強い」

と分析している。ジャズだったりフラダンスだったり、工夫されたイベントも楽しい。

朝市には季節の野菜が並ぶ。米も卵も売っているが、有機栽培、無農薬の野菜が嬉しい。それらの農産物が生産者の顔の見える対面販売。これが商売の原点かと思える。スーパーとは同じ買い物でも、まったく雰囲気が違う。スーパーやコンビニだと初めから終わりまで、買い手は何も話さないことが多いが、ここでは会話がポンポン弾む。冗談の一つも言いたくなる気分である。

この朝市には、何か縁日の雰囲気もある。駄菓子のくじ引いたり、コマを回したりして子どもも楽しめる。バッグや袋物、パッチワークやストラップもあって、お手頃値段だから思わず手が伸びる。

その朝市に「利根運河せんべい」を出しているのが滝本弘さん（東深井）である。

■名物、手焼きの利根運河せんべい

運がいい朝市に出ているのは、その物ずばり「利根運河せんべい」である。これは流山ふるさと産品にも認定されている煎餅。滝本煎餅本舗の滝本弘さんが商っているのは、「利根運河せんべい」と「鬼やき」である。手焼きの味に拘る煎餅である。

日光東往還沿いにある店と仕事場をお邪魔した。奥さんと2人で気さくに取材に応じてくれる。右手の箸で煎餅を挟み、左手のハケで醤油

利根運河せんべいを焼く滝本夫妻
（滝本弘氏 蔵）

をつける。それは、焼いた煎餅が熱いうちにするのが肝心。そうすれば、醤油も焼けて味がしみ込む。醤油の風味が柔らかに香る。

「うちの煎餅は、手焼きの煎餅です。大川屋さんで修業した頃と同じ作り方をしています、だから、昔の味がすると評判です」

滝本さんは誇らしげに語る。ただし、昔は天日で乾燥させていたが、それは保健所がやかましくなってできない。

「何てったてスズメは米が好きだもん、煎餅の生地を屋根の上で乾燥させるとスズメが寄って来て食べますよ」

と、奥さんが後を続ける。だから、今は灯油をたいて乾燥させる。その生地は買っている店もあるが、滝本さんはそれをしない。あくまで手作りに拘っている。

■せんべいは野田で修業した

修業時代は住み込みで働いていた。煎餅は自転車で配達した。原動機付自転車で川間の方まで行った。美味しさを保つために、茶箱に入れて届けた。

野田はゴルフ場が多かったから、ゴルフ客のお土産として煎餅が売れた。ゴルフの後で「待月」へ泊る客には旅館まで届けた。団体客にはまとまって売れた。

野田は樽屋さんが多かったから、樽屋さんから注文もあった。もちろん、造家さんへの配達も多かった。造家さんは付き合いが広いからだろう。

大川屋さんで働いている頃、住み込みで働いている独身者が15人もいた。が、男は滝本さん1人だった。そうこうしているうちに、いつしか2人は意識する仲、相愛の関係になった。若者たちは、朝早くから夜は遅くまで働き通した。つらいと言えばつらい仕事であった。滝本さんたちは自分の店を持つまではと頑張った。仲間の1人が、ある時ひょっこりと姿を消した男がいた。東北まで自転車で逃げ帰ったのである。

■野田の煎餅は塩煎餅と呼ばれる

煎餅は原料の米（うるち）で味が決まってしまう。新米ではだめ、古米に新米を少し混ぜたのがいいと滝本さんは言う。野田の煎餅は江戸後期から作られたらしい。「野田市史研究」の座談会で、醤油を運んだ高瀬船が野田煎餅を広めたのではないかという説が出ている。それは興味をひかれる説である。野田の煎餅は「塩煎餅」と呼ばれるが、実は醤油煎餅である。ざらめ煎餅のように甘くない、しょっぱいから塩煎餅なのだという。

長塚節の小説『土』にも野田の煎餅が出てくる。宇平は醤油屋で働いていて、お土産に煎餅を一袋買って茨城へ帰る場面である。

滝本さん夫妻の話に戻すと、住み込みで働いているうち、滝本さんたち二人は結ばれた。シャイな二人は多くを語らない。仲人は親方の大川屋さんだった。結婚してからも大川屋さんで働いていて、やがて東深井に店を出した。

「大川屋さんで20年、利根運河せんべいで40年、煎餅一筋60年です」

せんべい職人・滝本さんの顔には誇りと自信がにじむ。

主な参考文献

『新版利根運河』北野道彦・相原正義著　崙書房出版
『利根運河誌』川名晴雄著　崙書房出版
『水の道・サシバの道』（利根運河を考える）新保國弘著　崙書房出版
『利根運河を完成させた男』（二代目社長・志摩万次郎伝）田村哲三著　崙書房出版
『利根運河大師ガイドブック』利根運河大師護持会　崙書房出版
『利根運河三十六景』（運河をめぐる、ひと・もの・こと）野田市立郷土博物館
『利根運河１２０年の記録』（魅力ある土木遺産）流山市教育委員会
『ムルデル・その人と業績』山本鉱太郎　日蘭学会会誌９巻２号
『流山市史』（近代資料編・新川村関係文書）流山市教育委員会
『流山市史』（別巻・利根運河資料集）流山市教育委員会
『流山研究』『東葛流山研究』１～34号　流山市立博物館友の会
『青年たちの運河』利根運河百年記念公公演　山本鉱太郎脚本
「会報　におどり」１～１０７号　流山市立博物館友の会
「自然通信」１～３２４号　自然通信社（田中利勝）
『歩いて見よう利根運河』江戸川の自然を考える会（田中利勝）
「歩いて見よう　利根運河」利根運河の生態系を守る会会報

『野田民俗調査報告書』1、2　野田市史編さん委員会
「野田文学」15号（「利根運河奇譚」小堺俊彦）
『江戸川改修の記録』（工事写真集）建設省

あとがき

目次を見てお気づきのように、各タイトルを疑問形にした。利根運河の謎・不思議を解こうとしたのではないが、そうすることによって1回1回の連載の柱をしっかり立てたかったからで、書く側として書き易かったからである。それが本になった場合に読み易くなっているか、分かり易くなっているかは私が言うよりも、読者の判断にまかせるほかはない。

そもそも、私は一冊だけは本を出版したかった。それが『流山の伝承遊び』で、編集してくれたばかりかタイトルまで付けてくれたのが崙書房出版の竹島いわおさんだった。一冊のはずが『下総のわらべ歌』『下総の子ども歳時記』の3部作は竹島さんの担当だった。

竹島さんはその後、独立して「たけしま出版」を起こし、私がタウン誌「とも」に「歴史ロマン利根運河」の連載を始めると、さっそく手賀沼ブックレットに加えたいと声を掛けてくれた。私は利根運河でいいんですかと言うと、「利根運河も手賀沼も水で繋がっていますから」と鷹揚な所を見せてくれた。そのような経過があって、手賀沼ブックレット№.11に仲間入りできた。だから最初にお礼を申し上げなければならないのは竹島さんである。竹島さんとの付き合いは40年になろうとしている。

私がこれまでやって来たのは聞き書きを土台にして、その上に文献資料で文章を立ち上げるという方法である。今回もそのやり方に変わりはないから、取材に応じてくださった利根運河にまつわる方々に感謝したい。貴重な話を聞いて書けたので、本に具体性が出て来たと思う。百歳の方からも大正時代の運河の様子を思い出して頂けた。私は胸躍らせて聞いたから、それが読者にも伝わればいいがと思っている。もう亡くなってしまった方も多いが、亡くなった方も含めて多くの方々に感謝の気持ちあるのみである。

私は今までに15冊程の本を出してきた。その私の本は読まれているのかどうか。読まれてはいないようだと思っていたら、予想もしていない所で熱心な読者に出会うことがあった。また、野田市の石田年子さんは「とも」の連載「歴史ロマン利根運河」を読んで船形神輿についての論文・関宿城博物館研究報告を送って来て下さった。こんな出会いが何よりの励ましになっている。

表紙絵と装丁をして頂いた画家の長縄えいこさんにもお世話になった。オペラ手賀沼讃歌以来のお付き合いで、牧シリーズでも応援頂いた方である。また、漫画家のおの・つよしさんは流山市立博物館友の会発足当時からのお付き合い、イラストレイターの岡村純好さんは流山市立博物館友の会でも流山歴史文化研究会でもお世話になっている方である。お二人からイラストを頂き、感謝に絶えない。また、写真家の山本啓子さんにも運河をこよなく愛する写真を頂いた。まとめては失礼かなと思いながら、皆さんに心からお礼申し上げたい。

利根運河128年の早春　　青木　更吉

著者紹介
青木更吉（あおき・こうきち）
1933年　常陸大宮市生まれ
葛飾区立柴又小学校他、葛飾区郷土と
天文の博物館勤務
崙書房出版から『みりんの香る街　流山』
『流山の江戸時代を旅する』
『歴史とロマンの里　流山』他を出版
流山市立博物館友の会
流山歴史文化研究会
葛飾の昔話研究会会員
住所　〒270－0157
　　　千葉県流山市平和台５－35－６

葉桜の頃、運河取材中の著者

歴史ロマン
利　根　運　河

手賀沼ブックレット　No.11

2018年（平成30）4月10日　第1刷発行

著　者　　青　木　更　吉
発行人　　竹　島　い　わ　お
発行所　　た け し ま 出 版

〒277-0005　千葉県柏市柏762
柏グリーンハイツC204
TEL／FAX　04-7167-1381
振替　00110-1-402266
印刷・製本　戸辺印刷所

好評発売中　「手賀沼ブックレット」 既刊

手賀沼ブックレット　№１　Ａ５判　１１１頁　本体一〇〇〇円
元手賀沼漁協組合長深山正巳による
一つの手賀沼　深山・相原による手賀沼の過去・現在　相原正義
２０１３・７

手賀沼ブックレット　№２　Ａ５判　７６頁　本体九〇〇円
手賀沼をめぐる中世①　― 城と水運 ―　千野原靖方
中世東国史研究者による手賀沼周辺の城と水運をめぐる攻防を活写
２０１３・７

手賀沼ブックレット　№３　Ａ５判　８０頁　本体九〇〇円
利根川水系の鮭と環境学習　佐々木牧雄
鮭の遡上南限の利根川の鮭漁の歴史と、孵化から放流の環境学習記録
２０１４・１

手賀沼ブックレット　№４　Ａ５判　９４頁　本体一〇〇〇円
手賀沼をめぐる中世②　― 相馬氏の歴史 ―　千野原靖方
千葉常胤の二男に始まる相馬氏の四五〇年にわたる一族の歴史探究
２０１４・６

手賀沼ブックレット　№５　Ａ５判　１１６頁　本体一〇〇〇円
ボート屋の手賀沼歳時記　え・文　小池　勇
かつてヘラ鮒釣りの「メッカ」、手賀沼のほとりボート屋の年々歳々
２０１４・７

たけしま出版